Rivoluzione AI nell'Educazione: Trasformare L'apprendimento nel XXI Secolo

Una panoramica esauriente su metodi, sfide e opportunità dell'integrazione dell'Intelligenza Artificiale nel percorso formativo: dal ruolo degli educatori alle prospettive future fino al 2050.

Educare Oggi

1. **Introduzione all'Intelligenza Artificiale (AI)**
   - Breve storia e evoluzione dell'AI.
   - Principi fondamentali e funzionamento generale.
2. **L'AI nella Società Moderna**
   - Applicazioni correnti.
   - Benefici e sfide.
3. **Educatori nel Mondo Digitale**
   - Ruolo degli insegnanti nell'era dell'AI.
   - Cambiamenti nel panorama educativo.
4. **Strategie di Apprendimento Potenziate dall'AI**
   - Tutoring personalizzato.
   - Giochi educativi intelligenti.
   - Adattamento dinamico dei contenuti.
5. **Miglioramento dell'Efficienza degli Insegnanti con l'AI**
   - Automazione di compiti ripetitivi.
   - Assistenza nella preparazione delle lezioni.
   - Analisi e feedback in tempo reale.
6. **Gli Strumenti AI per la Valutazione**
   - Correzione automatica.
   - Rilevamento del plagio.
   - Analisi delle prestazioni degli studenti.
7. **Supporto Emotivo e Sociale attraverso l'AI**
   - Riconoscimento delle emozioni.
   - Interventi mirati.

- Supporto alla salute mentale degli studenti.

8. **Formazione Professionale per Educatori nell'Era AI**
   - Corsi di formazione.
   - Workshop e seminari.
   - Risorse online.
9. **Problematiche Etiche dell'AI in Educazione**
   - Privacy e sicurezza.
   - Equità e inclusione.
   - Dipendenza tecnologica.
10. **Inclusione e Accessibilità**
- Adattamento dei contenuti per studenti con esigenze speciali.
- Strumenti di traduzione e interpretariato.
11. **L'AI come Strumento di Apprendimento Collaborativo**
- Piattaforme di apprendimento peer-to-peer.
- Collaborazione virtuale.
12. **Gli Ambienti di Apprendimento del Futuro**
- Aule virtuali.
- Realizzazione di laboratori AI.
13. **Integrazione della Cultura AI nelle Scuole**
- Curriculum e programmi di studio.

Introduzione all'Intelligenza Artificiale (AI)

L'Intelligenza Artificiale (AI) è un ramo dell'informatica che si concentra sulla creazione di macchine capaci di pensare e agire come esseri umani. Questa definizione può sembrare semplice, ma dietro di essa c'è un mondo complesso, fatto di teorie, algoritmi e infinite applicazioni.

Breve storia e evoluzione dell'AI

La nascita dell'AI può essere fatta risalire agli anni '50, con il leggendario matematico e logico Alan Turing, che propose il "test di Turing" come criterio di intelligenza per una macchina. Se una macchina poteva comunicare con un essere umano senza che quest'ultimo potesse distinguere se stava interagendo con una macchina o un altro essere umano, allora quella macchina poteva essere considerata "intelligente".

Nel 1956, John McCarthy coniò il termine "intelligenza artificiale" e organizzò la prima conferenza sull'AI a Dartmouth College. Da quel momento, l'AI ha attraversato diverse fasi:

periodi di grande entusiasmo e finanziamenti, noti come "AI boom", e periodi di scetticismo e tagli finanziari, conosciuti come "AI inverni".

La fine del XX secolo e l'inizio del XXI hanno visto un'esplosione nell'evoluzione e nell'applicazione dell'AI, grazie all'aumento della potenza di calcolo, alla crescente disponibilità di grandi quantità di dati e all'avanzamento degli algoritmi di apprendimento automatico, come le reti neurali profonde.

Principi fondamentali e funzionamento generale

L'AI funziona attraverso algoritmi, che sono serie di istruzioni per eseguire determinati compiti. L'AI, però, non si basa solo su algoritmi predefiniti; utilizza anche l'apprendimento automatico (Machine Learning) per "imparare" da grandi quantità di dati. In sostanza, più dati riceve, più "intelligente" diventa.

Le reti neurali, ispirate al funzionamento del cervello umano, rappresentano una delle tecnologie chiave dell'AI moderna. Consistono in strati di nodi interconnessi (neuroni) che elaborano le informazioni. Quando parliamo di "apprendimento profondo" (Deep Learning), ci riferiamo a reti neurali con molti strati, che possono elaborare dati complessi e riconoscere schemi che sono invisibili all'occhio umano o ad altri metodi tradizionali.

Un altro principio fondamentale è la capacità dell'AI di effettuare inferenze e prendere decisioni basate su dati incompleti o incerti. Questo è reso possibile attraverso vari metodi, tra cui la logica fuzzy e i sistemi basati sulla conoscenza.

In conclusione, l'Intelligenza Artificiale è una disciplina in continua evoluzione che si fonda su decenni di ricerca e sviluppo. Mentre continua a progredire, le sue applicazioni nella società, e in particolare nell'educazione, diventano sempre più preziose e significative.

L'origine filosofica dell'Intelligenza Artificiale

Molto prima che l'AI fosse concretamente realizzata, filosofi, matematici e visionari sognarono la possibilità di creare macchine pensanti. Da Aristotele, che ha ideato il primo sistema formale di logica, alle automa dell'antichità e del Rinascimento, l'idea di una macchina dotata di capacità umane ha affascinato l'umanità per secoli.

Nel XVII secolo, il filosofo e matematico René Descartes speculò sulla possibilità di animare macchine attraverso meccanismi puramente fisici. Anche se Descartes riteneva che solo gli esseri umani avessero un'anima, le sue riflessioni aprirono la porta all'idea che la razionalità e il pensiero potessero essere replicati meccanicamente.

Le prime incarnazioni pratiche dell'AI

Le prime incarnazioni di AI non erano digitali, ma meccaniche. Nel XVIII secolo, furono creati degli automi incredibilmente sofisticati. Un esempio famoso è "Il Scrivano", un automa creato da Pierre Jaquet-Droz, che poteva scrivere brevi messaggi con una penna d'inchiostro, simulando le azioni di uno scrivano umano.

I precursori matematici dell'AI

Gli sviluppi nel campo della matematica e della logica nel XIX e XX secolo gettarono le basi per l'AI moderna. George Boole, per esempio, sviluppò un tipo di algebra, oggi conosciuta come algebra booleana, che sarebbe diventata fondamentale per la progettazione e il funzionamento dei computer. Kurt Gödel, con i suoi teoremi di incompletezza, ha dimostrato che ci sono limiti a ciò che la logica e la matematica possono provare, un concetto che ha influenzato profondamente le riflessioni sull'intelligenza sia artificiale che naturale.

L'evoluzione della tecnologia computazionale

La realizzazione pratica dell'AI sarebbe rimasta un sogno senza l'emergere della tecnologia computazionale. L'invenzione dei primi computer, come l'ENIAC e il Manchester Mark 1, ha fornito la piattaforma necessaria per esplorare algoritmi complessi. Alan Turing, che aveva già gettato le basi teoriche per la computazione, propose l'idea che una macchina potesse, in teoria, simulare qualsiasi processo intellettivo umano, a patto di essere fornita dell'algoritmo giusto e di abbastanza dati in input.

Reti neurali e l'ispirazione biologica

La biologia ha giocato un ruolo fondamentale nell'ispirare le tecniche di AI. Le reti neurali sono un esempio di come l'osservazione del mondo naturale può portare a innovazioni nel campo dell'AI. Le reti neurali cercano di emulare il modo in cui il cervello umano elabora le informazioni attraverso un intricato network di neuroni interconnessi. Mentre le prime reti neurali erano semplici e avevano limitate capacità, l'emergere del deep learning ha permesso di creare reti con milioni di neuroni virtuali, portando a progressi rivoluzionari nell'elaborazione delle immagini, nel riconoscimento vocale e in molte altre aree.

L'importanza dei dati

Con l'avvento di Internet e la digitalizzazione della società, sono diventate disponibili enormi quantità di dati. Questi dati sono diventati il carburante per l'AI moderna. L'apprendimento automatico, in particolare, dipende dalla disponibilità di grandi dataset per addestrare algoritmi. Più dati vengono forniti a questi algoritmi, più accurati diventano.

Sfide e controversie

Nonostante il suo successo, l'AI ha anche affrontato molte sfide e controversie. La questione di come garantire che l'AI si comporti in modo etico, sicuro e giusto è al centro di molte discussioni. Allo stesso tempo, mentre l'AI può superare gli esseri umani in molti compiti specifici, replicare la vasta gamma di capacità cognitive e emotive dell'essere umano rimane una sfida di proporzioni immense.

Inoltre, la comprensione dell'AI non è solo una questione tecnica. Filosofi, psicologi, sociologi e molti altri stanno ancora esplorando cosa significa veramente "intelligenza" e come l'AI si inserisce nel più ampio panorama dell'esistenza e della coscienza umana.

L'intersezione tra AI e linguistica

Il campo della linguistica ha giocato un ruolo cruciale nella formazione dell'IA. Chomsky, con la sua teoria della grammatica generativa, ha fornito un modello strutturato su come potrebbe funzionare il linguaggio nel cervello umano. Queste teorie hanno ispirato gli algoritmi iniziali di elaborazione del linguaggio naturale, cercando di decifrare e simulare la complessità della comunicazione umana.

La rivoluzione dell'apprendimento profondo

Mentre l'apprendimento automatico esisteva da decenni, l'emergere dell'apprendimento profondo ha rappresentato un punto di svolta per l'IA. I modelli basati su reti neurali profonde sono riusciti a realizzare compiti che prima sembravano impossibili per le macchine, come il riconoscimento di immagini complesse, la traduzione automatica in tempo reale e la generazione di contenuti.

I pionieri invisibili dell'AI

Mentre nomi come Turing o McCarthy sono spesso menzionati nelle cronache dell'AI, ci sono molti pionieri meno noti ma altrettanto cruciali. Ad esempio, Grace Hopper ha contribuito enormemente allo sviluppo dei primi linguaggi di programmazione, mentre Marvin Minsky ha gettato le basi per l'apprendimento automatico e la robotica.

L'evoluzione dei paradigmi in AI

L'AI non si è sviluppata linearmente. Ha visto l'emergere e l'estinzione di vari paradigmi. All'inizio, c'era un grande entusiasmo per i "sistemi basati su regole" dove le macchine erano programmate con una serie di regole esplicite. Successivamente, c'è stata una spinta verso i "sistemi basati sulla conoscenza", che cercavano di emulare il ragionamento umano attraverso vaste basi di conoscenza. L'apprendimento automatico, in particolare l'apprendimento profondo, rappresenta l'attuale paradigma dominante, ma ciò potrebbe cambiare con l'emergere di nuove tecnologie e teorie.

Intelligenza Artificiale e Neuroscienze

Le neuroscienze e l'AI sono diventate sempre più interconnesse. La comprensione di come funzionano le reti neurali nel cervello umano può ispirare nuovi algoritmi e architetture per l'AI. Allo stesso tempo, l'AI può aiutare i neuroscienziati a decifrare i misteri del cervello, simulando certi aspetti dell'attività cerebrale.

Hardware e AI

La storia dell'AI non riguarda solo software e algoritmi; l'hardware ha giocato un ruolo cruciale. L'evoluzione delle GPU, per esempio, ha permesso l'elaborazione parallela necessaria per alimentare reti neurali profonde. Nuove architetture hardware, come i chip neuromorfici, stanno cercando di emulare ancora più da vicino il funzionamento del cervello umano, offrendo promesse per un'IA ancora più potente.

Evoluzione etica nell'AI

Man mano che l'AI si è sviluppata, è cresciuta anche la consapevolezza delle sue implicazioni etiche. Temi come la responsabilità delle decisioni prese dalle macchine, il potenziale bias nei dataset e nei modelli, e le preoccupazioni sulla privacy hanno stimolato dibattiti vivaci in accademia, industria e società in generale.

Intelligenza Artificiale e cognizione

Mentre l'AI ha cercato di replicare l'intelligenza, ha anche offerto nuove prospettive sulla natura della cognizione. Domande fondamentali come "Cos'è la coscienza?" o "Che cosa significa sapere qualcosa?" sono state esplorate sotto una nuova luce grazie agli insight offerti dall'AI.

Estendere i confini: Oltre l'imitazione

Inizialmente, l'AI ha cercato principalmente di imitare le capacità umane. Tuttavia, con l'evoluzione tecnologica, è emersa la possibilità che l'AI possa sviluppare capacità che vanno oltre la semplice imitazione, aprendo la porta a forme di intelligenza e capacità che potrebbero essere, in qualche modo, "alieno" rispetto alla nostra comprensione tradizionale.

Collaborazione tra AI e umani

La collaborazione uomo-macchina, spesso definita "cognizione aumentata", sottolinea l'idea che l'AI non debba sostituire gli esseri umani, ma piuttosto amplificarne le capacità. Ad esempio, i sistemi di diagnosi medica basati sull'AI non prendono decisioni al posto dei medici, ma forniscono informazioni dettagliate e analisi che possono assistere i medici nelle loro decisioni.

L'AI nell'arte e nella creatività

L'AI ha iniziato a fare la sua apparizione nel mondo dell'arte, dalla composizione musicale alla pittura. Questo ha sollevato interrogativi profondi su cosa significhi essere creativi. Se una macchina può produrre musica o arte che è indistinguibile, o persino superiore, a quella creata dagli esseri umani, cosa ci dice questo sulla natura della creatività stessa?

L'AI e la soluzione dei problemi globali

Man mano che la tecnologia dell'IA avanzava, è diventata uno strumento chiave per affrontare alcune delle sfide più grandi del nostro tempo, come i cambiamenti climatici, le malattie e la povertà. Ad esempio, l'AI viene utilizzata per ottimizzare i modelli climatici, prevedere le epidemie e personalizzare gli interventi educativi per gli studenti in aree svantaggiate.

Limiti intrinseci dell'IA

Mentre l'AI ha mostrato una vasta gamma di capacità, ci sono anche limiti intrinseci. Ad esempio, le macchine non hanno emozioni, coscienza o desideri. Ciò significa che, mentre possono simulare determinati aspetti del comportamento e del pensiero umano, non possono effettivamente "sentire" o "desiderare" come gli esseri umani.

L'evoluzione dei framework di programmazione

Dietro le quinte dell'IA, c'è stata un'evoluzione costante dei linguaggi e degli ambienti di programmazione. Da Prolog e Lisp, che hanno dominato gli albori dell'AI, all'emergere di Python come lingua di scelta per l'apprendimento automatico, gli strumenti a disposizione dei ricercatori e degli sviluppatori sono diventati sempre più potenti e accessibili.

L'AI e l'economia

L'ascesa dell'AI ha avuto un impatto significativo sull'economia globale. Da un lato, ha creato nuove opportunità di business e ha rivoluzionato settori esistenti, come la finanza, la logistica e la produzione. D'altro canto, ha sollevato preoccupazioni riguardo alla perdita di posti di lavoro e alla crescente disparità economica.

L'AI come specchio della società

I sistemi di AI, essendo addestrati su enormi quantità di dati prodotti dagli esseri umani, spesso riflettono gli stessi pregiudizi e le tendenze presenti nella società. Questo ha portato a dibattiti sull'importanza di un'AI etica e sulla necessità di garantire che la tecnologia sia sviluppata in modo responsabile.

Dall'AI generalista all'AI specialistica

Mentre l'idea di un'AI onnipotente e generalista rimane un obiettivo a lungo termine per molti ricercatori, abbiamo visto l'emergere di AIs specialistiche che superano gli esseri umani in compiti molto specifici, come il gioco degli scacchi, il Go o la traduzione di lingue.

L'AI e il concetto di identità

Con l'abilità delle macchine di replicare e simulare la voce, la scrittura e persino le espressioni facciali, si pongono domande profonde sul concetto di identità. Se una macchina può imitare perfettamente un individuo, cosa significa per il nostro concetto di sé?

Convergenza con altre tecnologie

L'AI non esiste in un vuoto; converge con altre tecnologie emergenti come la realtà virtuale, la biotecnologia e la nanotecnologia. Queste convergenze ampliano ulteriormente il potenziale dell'AI, ma introducono anche nuove sfide e considerazioni etiche.

Conclusione sull'Introduzione all'Intelligenza Artificiale (AI)

La storia e l'evoluzione dell'intelligenza artificiale (AI) rappresentano una complessa tessitura di sforzi scientifici, tecnologici e filosofici. Dalle sue radici teoriche agli sviluppi pratici, l'AI ha attraversato diverse fasi, ognuna delle quali ha apportato contributi significativi al panorama complessivo. Le intersezioni tra AI e linguistica hanno mostrato come il linguaggio sia tanto un prodotto della mente quanto una chiave per sbloccare i misteri della cognizione. La collaborazione tra AI e neuroscienze, così come la convergenza con altre discipline, ha ampliato la portata e l'applicabilità dell'AI in modo esponenziale.

L'emergere dell'apprendimento profondo e delle reti neurali ha rappresentato una svolta epocale, trasformando l'AI da un campo di ricerca principalmente teorico a una forza pratica che permea molti aspetti della nostra vita quotidiana. Ma non è solo la tecnologia in sé; è anche come la percepiamo e come interagisce con la società. I dilemmi etici e le sfide poste dall'AI sono altrettanto cruciali quanto le sue capacità tecniche. Riflette le tendenze, i pregiudizi e le aspirazioni della società da cui emerge, rendendo fondamentale una comprensione critica del suo impatto e delle sue potenzialità.

Mentre l'AI ha iniziato come uno sforzo per imitare la cognizione umana, ha ora raggiunto un punto in cui può estendersi oltre le capacità umane in molti campi, portando a dibattiti sulla sua natura e sul suo posto nella società. La sua interazione con l'arte, l'economia, la medicina e molte altre discipline ha trasformato la natura di queste aree, provocando una riflessione profonda sul significato dell'intelligenza, dell'identità e dell'essere umano.

In conclusione, l'intelligenza artificiale non è solo un insieme di algoritmi o un prodotto tecnologico; è uno specchio della nostra società, delle nostre aspirazioni e delle nostre paure. Mentre continuiamo a sviluppare e ad adottare l'AI in tutte le sfaccettature della nostra vita, è essenziale avvicinarci ad essa con una consapevolezza informata, considerando sia le sue potenzialità rivoluzionarie sia le sue responsabilità intrinseche.

2. L'AI nella Società Moderna Applicazioni correnti. Benefici e sfide.

L'AI nella Società Moderna

Nel contesto contemporaneo, l'Intelligenza Artificiale (AI) ha trasformato notevolmente la maniera in cui viviamo, lavoriamo e ci intratteniamo. La sua presenza è ormai ubiqua e penetra in quasi ogni settore. Dalla salute alla finanza, dai trasporti all'arte, l'AI è diventata un fulcro chiave del progresso e dell'innovazione.

Applicazioni correnti

1. **Sanità**: L'AI contribuisce alla diagnosi precoce delle malattie, all'ottimizzazione dei percorsi di cura e alla personalizzazione dei trattamenti. Attraverso l'analisi di grandi volumi di dati clinici, l'AI può identificare tendenze o anomalie che potrebbero sfuggire alla revisione umana.
2. **Trasporti**: Le auto a guida autonoma sono forse uno degli esempi più citati dell'AI in azione. Oltre alle auto, l'AI aiuta

nell'ottimizzazione dei percorsi di trasporto pubblico, nel traffico aereo e nella gestione della logistica.

3. **Finanza**: L'AI è ampiamente utilizzata per l'analisi di grandi quantità di dati finanziari, previsioni di mercato, rilevamento delle frodi e automazione degli investimenti.

4. **E-commerce**: Le raccomandazioni personalizzate offerte da piattaforme come Amazon o Netflix sono alimentate da algoritmi di AI che analizzano le abitudini e le preferenze degli utenti.

5. **Agricoltura**: L'AI è impiegata per monitorare le condizioni delle colture, prevedere le rese e ottimizzare l'uso delle risorse, come l'acqua o gli fertilizzanti.

6. **Intrattenimento**: Dalla creazione di musiche e video al riconoscimento facciale nei giochi, l'AI sta trasformando il modo in cui consumiamo e interagiamo con i media.

Benefici e sfide

Benefici:

1. **Efficienza**: L'AI può processare e analizzare enormi quantità di dati molto più rapidamente degli esseri umani, portando a decisioni più rapide e informate.

2. **Disponibilità**: Servizi basati sull'AI, come chatbot o assistenti virtuali, sono disponibili 24/7, offrendo assistenza in tempo reale senza interruzioni.
3. **Personalizzazione**: Con l'AI, i servizi possono essere personalizzati in base alle esigenze e alle preferenze individuali, migliorando l'esperienza dell'utente.
4. **Risparmio**: Le aziende possono ridurre i costi operativi attraverso l'automazione e l'ottimizzazione dei processi grazie all'AI.

Sfide:

1. **Etica**: C'è una crescente preoccupazione riguardo alle decisioni prese dalle macchine, in particolare quando riguardano la vita delle persone, come nel caso delle auto a guida autonoma o dei sistemi di diagnosi medica.
2. **Occupazione**: L'automazione potrebbe portare alla perdita di posti di lavoro in certi settori, causando disoccupazione e richiedendo una riconversione professionale.
3. **Bias**: Se non correttamente addestrata, un'IA può perpetuare o esacerbare pregiudizi presenti nei dati su cui è stata formata.
4. **Privacy**: Con l'AI che analizza sempre più dati personali, ci sono preoccupazioni riguardo alla privacy e alla sicurezza dei dati degli utenti.

5. **Dipendenza**: Una crescente dipendenza dalle tecnologie AI può rendere la società vulnerabile in caso di guasti o attacchi informatici.

L'integrazione dell'AI nella società moderna ha anche portato alla nascita di nuovi paradigmi nel modo in cui le persone interagiscono con la tecnologia. In passato, la tecnologia era vista come uno strumento, qualcosa di esterno da utilizzare. Ora, con l'AI, la tecnologia sta diventando più interattiva, quasi come un compagno o un collaboratore.

Questa natura interattiva dell'AI è evidente nei sistemi di assistenza vocale, come Alexa di Amazon o Siri di Apple. Questi assistenti non sono solo programmi che eseguono comandi; sono progettati per comprendere, interpretare e rispondere in modo naturale, rendendo l'interazione più fluida e umana. Questa "umanizzazione" dell'AI ha avuto implicazioni profonde sulla psicologia umana, portando le persone a formare legami emotivi con le macchine. Si è visto che alcuni individui confidano in questi assistenti digitali, condividendo pensieri personali o cercando conforto.

Nel campo dell'istruzione, l'AI ha introdotto una nuova era di apprendimento personalizzato. I sistemi basati sull'AI possono monitorare le abitudini di apprendimento degli studenti, identificando punti di forza e aree di difficoltà. Questo consente una formazione mirata, dove il contenuto didattico può essere adattato per soddisfare le esigenze individuali. Ma questo porta anche alla questione della standardizzazione nell'istruzione. Se ogni studente riceve un percorso di apprendimento unico, come possiamo misurare e comparare il successo educativo?

L'AI sta anche modellando il mondo dell'informazione e della comunicazione. Con l'abilità di analizzare enormi dataset, l'AI può identificare e prevedere tendenze nelle notizie e nei social media. Questo può avere vantaggi, come la capacità di rilevare e reagire rapidamente ai cambiamenti della società. Tuttavia, c'è anche il rischio di "camere dell'eco", dove gli algoritmi di AI mostrano agli utenti solo ciò che vogliono vedere o ciò che rafforza le loro credenze preesistenti, potenzialmente isolando le persone da opinioni diverse e limitando la comprensione culturale.

Allo stesso modo, mentre l'AI può ottimizzare le operazioni aziendali e ridurre i costi, l'adozione eccessiva può portare a una perdita di tocco umano nei servizi. Ad esempio, se un cliente interagisce solo con chatbot o sistemi automatizzati, potrebbe perdere quella connessione umana che spesso è fondamentale per stabilire la fiducia e la lealtà.

Un'altra area di crescente interesse è l'interfaccia cervello-computer, dove l'AI potrebbe potenzialmente leggere e interpretare i segnali neurali. Questo ha applicazioni rivoluzionarie, come aiutare le persone paralizzate a comunicare o controllare dispositivi esterni. Tuttavia, porta con sé preoccupazioni sulla privacy del pensiero e sull'integrità della mente umana.

In termini di sicurezza globale, l'AI introduce sia promesse sia pericoli. Mentre potrebbe migliorare la sorveglianza e la difesa, c'è anche il rischio di una nuova forma di guerra - la guerra cibernetica - dove le IA potrebbero combattersi in scenari che gli esseri umani potrebbero non comprendere completamente.

Infine, mentre parliamo delle applicazioni e delle implicazioni dell'AI, è importante ricordare che l'AI è solo uno strumento. Come qualsiasi altro strumento, può essere utilizzato sia per il bene sia per il male, e spetta a noi, come società, decidere come vogliamo integrarlo nelle nostre vite.

Nell'ambito dell'AI, la questione dell'interpretabilità è un punto centrale. L'interpretabilità, in termini semplici, si riferisce alla capacità di comprendere come un modello di AI prende le sue decisioni. Per esempio, mentre un algoritmo potrebbe prevedere con precisione se un paziente è a rischio di una certa malattia, i medici potrebbero voler sapere "perché" quel paziente è a rischio. Questo "perché" può aiutare i medici a elaborare piani di trattamento o a fornire spiegazioni ai pazienti. Tuttavia, molti algoritmi avanzati di AI, come le reti neurali profonde, sono noti per essere "scatole nere", nel senso che non è chiaro come arrivino alle loro conclusioni. La sfida di rendere l'AI interpretabile è quindi cruciale, soprattutto quando le decisioni dell'AI hanno un impatto diretto sulla vita delle persone.

L'AI ha anche iniziato a giocare un ruolo significativo nell'ambito della creatività e dell'arte. Mentre tradizionalmente consideriamo l'arte come l'espressione della creatività umana, gli algoritmi di AI sono ora in grado di creare musica, dipinti e poesie. Questo solleva interrogativi filosofici sull'essenza della creatività. Se un algoritmo può "comporre" una sinfonia o "dipingere" un quadro, cosa significa per la nostra comprensione della creatività? E ancora, se una macchina crea un'opera d'arte, chi ne detiene i diritti d'autore?

Il concetto di cittadinanza e diritti per le entità basate sull'AI è un altro argomento di dibattito. Se un'entità basata sull'AI può pensare, decidere e agire in modo autonomo, ha diritti? Questa domanda è stata posta in seguito a notizie come quella di Sophia, un robot umanoide sviluppato da Hanson Robotics, che è stato "concesso" la cittadinanza in Arabia Saudita. Mentre questo può sembrare un gesto simbolico, solleva interrogativi seri sul futuro dell'AI e della sua posizione nella nostra società.

Un'altra dimensione significativa è l'AI nel contesto dell'ambientalismo. Gli algoritmi possono monitorare cambiamenti ambientali, prevedere disastri naturali e ottimizzare l'utilizzo delle risorse. Ma c'è anche una crescente consapevolezza dell'impatto ambientale della stessa tecnologia AI. I grandi data center richiesti per alimentare le operazioni di AI consumano enormi quantità di energia. La produzione di hardware avanzato per l'IA ha anche la sua impronta di carbonio. Quindi, mentre l'AI può aiutarci a combattere il cambiamento climatico, è essenziale riconoscere e mitigare il suo impatto ambientale diretto.

Un altro aspetto è l'interazione dell'AI con la cultura e la tradizione. In molte società, le tradizioni e le storie vengono tramandate oralmente di generazione in generazione. Con l'AI che può "ascoltare", "comprendere" e "conservare" queste narrazioni, c'è la possibilità di preservare culture che potrebbero altrimenti estinguersi. Tuttavia, ciò solleva anche preoccupazioni sulla commercializzazione e sull'appropriazione culturale.

La relazione tra AI e autonomia personale è altrettanto rilevante. Con l'AI che può prevedere, suggerire e persino prendere decisioni, fino a che punto manteniamo il controllo delle nostre vite? Se un assistente personale basato sull'AI suggerisce cosa mangiare, cosa leggere o con chi uscire, quanto di queste scelte rimane autenticamente nostro?

In tutto questo, è fondamentale riconoscere che l'AI non è monolitica. Esistono diverse forme e applicazioni, e mentre alcune potrebbero avere un impatto profondo e trasformativo sulla società, altre potrebbero integrarsi silenziosamente nel tessuto della nostra vita quotidiana, migliorando le operazioni senza creare distorsioni evidenti.

Concludendo, l'Intelligenza Artificiale rappresenta una delle svolte tecnologiche più significative della nostra epoca, plasmando aspetti fondamentali della società moderna e tocchiando quasi ogni ambito della nostra esistenza quotidiana.

Il ritmo esponenziale con cui l'AI ha avanzato negli ultimi decenni è un riflesso sia del progresso tecnologico che delle esigenze mutevoli della nostra società. Le sue applicazioni, che vanno dalla medicina all'arte, dalla sicurezza alla gestione delle risorse, sono testimonianza della sua versatilità e potenziale. L'AI ha il potere di rivoluzionare interi settori, rendendo i processi più efficienti, prevedendo risultati con precisione e personalizzando le esperienze in modi precedentemente inimmaginabili.

Tuttavia, con grande potere viene anche una grande responsabilità. Le sfide che l'AI porta con sé sono tanto profonde quanto le sue potenzialità. Le questioni etiche sull'interpretabilità delle decisioni dell'AI, sulla sovranità dei dati e sulla responsabilità delle azioni dell'AI devono essere affrontate con serietà. Ogni innovazione, dalla conduzione autonoma alle diagnosi mediche basate sull'AI, comporta un bilancio tra i benefici tangibili e i potenziali rischi.

A questo si aggiunge l'importanza cruciale della consapevolezza culturale e sociale. L'AI, se non gestita con attenzione, può potenzialmente amplificare i pregiudizi esistenti, creare divisioni sociali o minacciare l'autonomia personale e la privacy. Eppure, può anche essere uno strumento per la conservazione culturale, per l'educazione e per la democratizzazione dell'accesso alle informazioni.

Dal punto di vista ambientale, mentre l'AI offre strumenti potenti per monitorare e combattere i cambiamenti climatici, dobbiamo anche riconoscere e affrontare l'impatto ambientale diretto dell'infrastruttura dell'AI.

Infine, la natura stessa dell'AI - la sua capacità di apprendere, adattarsi e, in alcuni casi, operare in modo autonomo - solleva questioni filosofiche fondamentali sulla natura della coscienza, dell'identità e della creatività. L'AI ci costringe a riflettere su cosa significa essere umani in un'era in cui le macchine possono "pensare", "creare" e "decidere".

L'integrazione dell'AI nella società moderna non è solo una questione tecnologica, ma anche sociale, etica, culturale e filosofica. Per navigare con successo in questo nuovo paesaggio, è essenziale un approccio olistico, interdisciplinare e, soprattutto, umano. La nostra capacità di farlo determinerà il modo in cui l'AI plasmerà il nostro futuro - sia che si tratti di un'utopia potenziata dall'AI, sia di una distopia dominata da essa.

3. Educatori nel Mondo Digitale

La digitalizzazione dell'educazione è stata una delle tendenze più rilevanti del XXI secolo, soprattutto con l'emergenza e la diffusione dell'Intelligenza Artificiale. Questi cambiamenti tecnologici stanno ridefinendo il modo in cui gli studenti apprendono e gli insegnanti insegnano. Esploriamo questi aspetti nel dettaglio.

Ruolo degli insegnanti nell'era dell'AI: L'Intelligenza Artificiale, con le sue applicazioni in campo educativo, ha sollevato interrogativi sulla necessità e sulla funzione degli insegnanti. Ma, piuttosto che renderli obsoleti, l'AI ha ampliato e arricchito il loro ruolo in modi inaspettati:

1. **Mediatori dell'apprendimento:** Gli insegnanti stanno diventando sempre più guide e facilitatori, piuttosto che semplici dispensatori di informazioni. L'AI può fornire dati personalizzati sull'apprendimento di ciascuno studente, permettendo all'insegnante di adattare l'istruzione alle esigenze individuali.

2. **Sviluppatori di competenze socio-emotive:** Mentre l'AI può gestire la personalizzazione e l'automazione di molte attività, le competenze come la collaborazione,

la comunicazione, la creatività e il pensiero critico sono profondamente umane. Gli insegnanti sono essenziali per coltivare queste capacità nei loro studenti.

3. **Alfabetizzazione digitale:** Gli educatori hanno la responsabilità di insegnare agli studenti come utilizzare in modo etico e responsabile la tecnologia, comprendendo le potenzialità e i limiti dell'AI.

4. **Formazione continua:** L'evoluzione rapida della tecnologia richiede che gli insegnanti si impegnino in un'apprendimento professionale continuo, mantenendosi aggiornati sulle nuove tecnologie e sulle migliori pratiche pedagogiche.

Cambiamenti nel panorama educativo: L'adozione dell'AI sta ridefinendo l'ambito educativo in vari modi:

1. **Personalizzazione dell'apprendimento:** Piattaforme basate sull'AI possono analizzare le performance e i comportamenti degli studenti per fornire risorse, attività e feedback mirati alle esigenze di ogni individuo.

2. **Ambienti di apprendimento virtuali:** Con la realtà virtuale e la realtà aumentata, gli studenti possono immergersi in ambienti di apprendimento simulati, esplorando luoghi, tempi o concetti altrimenti inaccessibili.

3. **Assistenza in tempo reale:** Strumenti di AI possono fornire feedback immediato agli studenti, aiutandoli a correggersi e a migliorarsi in tempo reale.
4. **Analisi dei dati:** L'analisi dei dati sull'apprendimento può aiutare gli educatori a identificare aree problematiche, tendenze e opportunità, informando la progettazione delle lezioni e gli interventi pedagogici.
5. **Ampliamento delle opportunità di apprendimento:** L'apprendimento non è più limitato alla classe. Con l'AI, gli studenti possono accedere a risorse, tutor e corsi da tutto il mondo, spesso gratuitamente o a costi ridotti.
6. **Evoluzione delle valutazioni:** Con l'AI, la valutazione può diventare più fluida, continua e basata su progetti reali, piuttosto che su test tradizionali.

In sintesi, mentre l'AI sta portando a profonde trasformazioni nell'ambito dell'educazione, il ruolo degli educatori rimane centrale. La sfida e l'opportunità per gli insegnanti nell'era digitale sono di integrare l'AI in modo che potenzi l'apprendimento umano piuttosto che sostituirlo.

La rivoluzione dell'Intelligenza Artificiale nel settore dell'istruzione ha trasformato il panorama educativo a un ritmo impressionante. Gli educatori non sono solo testimoni di questo cambiamento, ma sono anche al centro di esso, cercando di equilibrare le tradizioni pedagogiche con le promesse dell'era digitale.

Il **rapporto studente-tecnologia** è un aspetto che ha subito una drastica evoluzione. Gli studenti di oggi sono nativi digitali; crescono in un mondo dove l'informazione è a portata di clic e dove l'apprendimento può avvenire in qualsiasi momento e in qualsiasi luogo. Ma ciò che spesso sfugge alla discussione è come gli studenti vedono, percepiscono e interagiscono con questa tecnologia. Mentre alcune piattaforme di AI possono personalizzare l'esperienza di apprendimento, gli studenti possono anche sentirsi sopraffatti o alienati dalla stessa. Gli educatori hanno quindi il delicato compito di mediare tra gli studenti e queste piattaforme, garantendo che l'uso della tecnologia sia significativo e arricchente.

Inoltre, mentre l'AI può gestire la personalizzazione di contenuti e valutazioni, la **creazione di un ambiente di apprendimento inclusivo e sostenibile** rimane una responsabilità umana. Questo significa che gli insegnanti devono essere formati non solo sulle competenze tecniche ma anche sulle competenze interpersonali. Devono essere in grado di riconoscere quando un algoritmo non tiene conto delle diverse esigenze degli studenti e intervenire in modo appropriato.

La **formazione degli insegnanti** è diventata quindi ancor più complessa. Oltre alla formazione tecnica, gli insegnanti devono ora essere esperti nella gestione della classe, nell'inclusione, nella pedagogia differenziata e in molte altre aree. L'apprendimento basato sull'AI può aiutare, offrendo corsi di formazione personalizzati e supporto in tempo reale, ma la formazione faccia a faccia e la condivisione di esperienze tra colleghi rimangono insostituibili.

Una sfida particolare posta dall'AI è la **gestione dell'attenzione** degli studenti. Con l'abbondanza di stimoli digitali, gli studenti possono facilmente distrarsi o sentirsi sopraffatti. Gli educatori devono quindi sviluppare strategie per mantenere l'attenzione degli studenti, bilanciando l'uso della tecnologia con attività pratiche e interazioni faccia a faccia.

Inoltre, l'AI ha anche influenzato il **contenuto** dell'istruzione. Materie come la programmazione, la data science e l'etica digitale stanno diventando sempre più rilevanti. Gli educatori, anche quelli che non insegnano materie STEM (scienza, tecnologia, ingegneria, matematica), devono essere consapevoli di questi cambiamenti per preparare adeguatamente i loro studenti al mondo del lavoro e alla società del futuro.

Un altro aspetto cruciale è la **sicurezza e l'etica** nell'utilizzo dell'AI. Gli studenti devono essere educati sui pericoli della sovraesposizione online, sul rispetto della privacy e sulle potenziali trappole e pregiudizi degli algoritmi. Gli educatori hanno la responsabilità di guidare gli studenti attraverso queste acque complesse, insegnando loro a essere consumatori critici e consapevoli della tecnologia.

Infine, l'introduzione dell'AI nell'ambito educativo ha anche portato a una **rinascita del valore dell'apprendimento esperienziale**.

Mentre le piattaforme digitali possono fornire una miriade di informazioni, le esperienze reali, come le gite sul campo, gli esperimenti pratici e le interazioni sociali, rimangono fondamentali per l'apprendimento holistico e l'acquisizione di competenze del XXI secolo.

La convergenza di tecnologia e pedagogia nell'era dell'Intelligenza Artificiale ha avviato dibattiti e riflessioni sul ruolo dell'educatore e sul modo in cui gli studenti apprendono e interagiscono con le informazioni. Le scuole stesse, in quanto istituzioni, sono chiamate a riconsiderare le loro strutture e pratiche in risposta a questi cambiamenti.

Il **senso di comunità** nella classe, ad esempio, è un'area che è stata influenzata dall'introduzione dell'AI. Mentre gli studenti possono ora comunicare e collaborare attraverso piattaforme digitali, la costruzione di un legame reale e di un senso di appartenenza rimane una sfida. L'uso esagerato di strumenti basati sull'AI può portare a una sensazione di isolamento, poiché la natura faccia a faccia delle interazioni è ridotta. Gli educatori, in questo contesto, devono trovare il giusto equilibrio tra utilizzare la tecnologia per facilitare la comunicazione e promuovere attività che costruiscano un forte senso di comunità in classe.

Il **ritmo di apprendimento** è un altro aspetto che ha visto una trasformazione. La capacità dell'AI di fornire apprendimenti personalizzati significa che ogni studente può avanzare al proprio ritmo. Tuttavia, ciò solleva domande su come gestire una classe in cui ogni studente potrebbe essere a un punto diverso nel curriculum. Ciò richiede una maggiore flessibilità da parte degli educatori e potrebbe anche richiedere un ripensamento dei tradizionali modelli di valutazione e progressione.

Un'area correlata è quella della **motivazione degli studenti**. Mentre alcuni studenti possono trovare motivante l'uso di piattaforme basate sull'AI, altri potrebbero sentirsi alienati o frustrati. Gli insegnanti devono essere attenti a queste differenze individuali e trovare modi per mantenere alta la motivazione di tutti gli studenti. Ciò potrebbe includere l'introduzione di giochi educativi, sfide collaborative o altri elementi ludici nella didattica.

Le **abilità del XXI secolo** sono diventate un argomento centrale nel discorso educativo. Oltre alle competenze tecniche, c'è una crescente consapevolezza dell'importanza di competenze come il pensiero critico, la risoluzione dei problemi, la creatività e la comunicazione. Mentre l'AI può aiutare a sviluppare alcune di queste competenze, la guida e il mentoring umano rimangono insostituibili.

L'importanza del **benessere degli studenti** è un altro aspetto che non può essere trascurato. L'uso eccessivo della tecnologia, compresi gli strumenti basati sull'AI, può portare a problemi come l'affaticamento degli occhi, la postura scorretta e lo stress mentale. Gli educatori devono quindi essere consapevoli di questi problemi e introdurre pause, attività fisiche e discussioni sulla gestione dello stress nella routine scolastica.

Con l'avvento dell'AI, c'è anche un rinnovato interesse per la **metacognizione** – la capacità di riflettere sul proprio processo di apprendimento. Gli studenti di oggi devono essere formati non solo su ciò che stanno imparando, ma anche su come stanno imparando. L'AI, con le sue analisi dettagliate, può fornire informazioni preziose in questo senso, ma gli educatori devono guidare gli studenti nell'interpretazione e nell'utilizzo di queste informazioni per migliorare le loro strategie di apprendimento.

Infine, la **collaborazione interdisciplinare** sta diventando sempre più importante. Mentre l'AI ha applicazioni in quasi ogni disciplina, dalla letteratura alla matematica, alla storia, gli educatori di diverse materie devono collaborare per garantire un'applicazione significativa e integrata della tecnologia nei loro corsi. Questo richiede una maggiore comunicazione e pianificazione tra i docenti e potrebbe anche portare a un ripensamento delle tradizionali strutture curriculari.

In sintesi, gli educatori nell'era digitale si trovano di fronte a una serie di sfide e opportunità senza precedenti. La fusione della pedagogia tradizionale con la rivoluzione digitale, soprattutto con l'avvento dell'Intelligenza Artificiale, rappresenta un crocevia per l'istruzione in tutto il mondo.

Ruolo degli insegnanti nell'era dell'AI:
Con l'AI che potenzialmente automatizza molti aspetti dell'apprendimento, l'essenza del ruolo dell'insegnante non sta in realtà nell'informare, ma piuttosto nello "formare". Gli insegnanti sono chiamati ad essere mediatori tra la tecnologia e gli studenti, garantendo che l'apprendimento mediato dalla tecnologia sia profondo, significativo e umanistico. Devono essere facilitatori, mentori e, soprattutto, modelli di ruolo in un mondo in cui l'etica, l'empatia e la consapevolezza critica sono tanto importanti quanto le competenze tecniche. Anche se l'AI può personalizzare l'apprendimento e fornire risorse didattiche, non può sostituire la connessione umana, il supporto e la guida che un educatore può offrire.

Cambiamenti nel panorama educativo:
L'ambiente di apprendimento di oggi è in continuo mutamento. Le classi non sono più semplici stanze con banchi e lavagne; sono diventate ambienti ibridi dove la tecnologia e le interazioni fisiche coesistono. Questo richiede che le scuole ristrutturino non solo i loro spazi fisici, ma anche i loro curricula, metodi di valutazione e approcci pedagogici. Gli educatori devono ora considerare come integrare in modo

efficace le tecnologie basate sull'AI nel curriculum, garantendo al contempo che gli studenti siano dotati delle competenze necessarie per prosperare in una società sempre più digitale. Ciò potrebbe includere la riformulazione di obiettivi di apprendimento, l'introduzione di nuove metodologie didattiche e la formazione continua degli insegnanti stessi.

Ma mentre l'AI offre strumenti potenti e innovativi, è essenziale ricordare che la tecnologia è solo uno strumento. L'obiettivo finale dell'istruzione rimane l'arricchimento umano, il pensiero critico, la formazione del carattere e la preparazione degli studenti a diventare cittadini responsabili e informati. In questo contesto, l'AI dovrebbe essere vista non come un sostituto, ma come un potenziatore del ruolo dell'educatore. L'arte dell'insegnamento, con la sua ricchezza di interazioni umane, empatia e passione, rimarrà sempre al centro dell'esperienza educativa, anche nella più avanzata delle ere digitali.

Nell'ambito dell'istruzione, l'intelligenza artificiale (AI) può migliorare significativamente la qualità e l'efficacia dell'apprendimento attraverso una varietà di strategie. Tra queste, il tutoring personalizzato, i giochi educativi intelligenti e l'adattamento dinamico dei contenuti stanno emergendo come alcune delle più promettenti. Esaminiamo ciascuno di questi aspetti più da vicino.

Tutoring Personalizzato: L'AI può fornire un apprendimento personalizzato attraverso sistemi intelligenti di tutoring che adattano il materiale in base al livello di competenza, alle abilità e ai bisogni specifici dello studente. Ad esempio, se un algoritmo rileva che uno studente sta faticando con un determinato concetto, può fornire esercizi supplementari o materiali di lettura per rinforzare la comprensione. D'altra parte, se lo studente dimostra di avere una forte comprensione, il sistema può avanzare a concetti più complessi, mantenendo l'apprendimento stimolante e impegnativo. Ciò consente un'istruzione molto più focalizzata rispetto all'approccio "taglia unica" tradizionale.

Giochi Educativi Intelligenti: I giochi possono essere un potente strumento educativo, e l'integrazione dell'AI in giochi educativi permette una maggiore interattività e un apprendimento più profondo. Per esempio, un gioco potrebbe adattare la sua difficoltà in tempo reale in base alle prestazioni dello studente, fornendo sfide che sono né troppo facili né troppo difficili. I giochi possono anche includere elementi di gamification per aumentare la motivazione, come badge, punteggi e classifiche. Allo stesso tempo, i dati raccolti durante il gioco possono essere analizzati per fornire un feedback prezioso sia agli studenti che agli educatori.

Adattamento Dinamico dei Contenuti: L'AI può analizzare dati in tempo reale per adattare dinamicamente il materiale didattico. Ad esempio, in una classe in cui gli studenti stanno utilizzando tablet o computer, un sistema basato sull'AI potrebbe notare quali parti del materiale stanno dando più problemi a più studenti e potrebbe automaticamente fornire materiali di rinforzo o esempi supplementari. Ciò permette non solo un'istruzione più personalizzata, ma anche un uso più efficiente del tempo in aula, poiché gli educatori possono concentrarsi su concetti che effettivamente necessitano di ulteriore spiegazione o discussione.

Tuttavia, mentre queste strategie offrono molti vantaggi, non sono senza sfide. Ad esempio, l'efficacia di un sistema di tutoring personalizzato è fortemente influenzata dalla qualità dei dati su cui è addestrato. Se i dati sono distorti o incompleti, le raccomandazioni del sistema potrebbero non essere ottimali. Per i giochi educativi, il rischio è che la "gamification" potrebbe a volte distogliere l'attenzione dall'apprendimento effettivo. L'adattamento dinamico dei contenuti, se non fatto con attenzione, potrebbe portare a un curriculum frammentato che manca di coerenza pedagogica.

Inoltre, l'adozione di queste tecnologie richiede una formazione adeguata per gli educatori, non solo per utilizzare efficacemente gli strumenti tecnologici, ma anche per interpretare e agire sui dati generati. Inoltre, questioni etiche come la privacy dei dati e l'accessibilità devono essere affrontate con attenzione.

In ogni caso, queste strategie potenziate dall'AI rappresentano un passo avanti notevole nella personalizzazione e nell'efficacia dell'istruzione. Con ulteriori ricerche, sviluppi e iterazioni, potrebbero diventare componenti standard nell'ecosistema educativo del futuro.

Tutoring Personalizzato: Al di là della semplice adattabilità al ritmo di apprendimento dello studente, l'AI nel tutoring personalizzato può tracciare schemi di apprendimento unici. Può identificare modi specifici in cui gli studenti risolvono problemi o affrontano sfide e adattarsi di conseguenza. Ad esempio, per alcuni studenti, l'approccio visuale potrebbe essere il modo migliore per comprendere un concetto, mentre per altri, potrebbe essere l'apprendimento uditivo o cinestetico. Un sistema di AI sofisticato può analizzare le risposte e i comportamenti degli studenti per determinare questi stili di apprendimento e presentare il materiale nel formato più adeguato per ciascuno.

Giochi Educativi Intelligenti: Al di là della semplice gamification, ci sono altre maniere in cui i giochi basati sull'AI possono migliorare l'apprendimento. Ad esempio, potrebbero incorporare simulazioni realistiche che offrono agli studenti l'opportunità di esperimentare e interagire con concetti in un ambiente sicuro e controllato. Queste simulazioni potrebbero variare da esperimenti scientifici virtuali a simulazioni di eventi storici o situazioni matematiche. L'AI può anche introdurre elementi sorpresa o eventi imprevisti nel gioco per testare la capacità di adattamento e il pensiero critico degli studenti.

Adattamento Dinamico dei Contenuti: Oltre all'adattamento basato sulle prestazioni degli studenti, i sistemi di AI possono anche considerare le preferenze di apprendimento in termini di tempo della giornata, frequenza delle sessioni di studio e durata ottimale di ciascuna sessione. Ad esempio, se un sistema riconosce che uno studente tende ad avere prestazioni migliori nelle ore del mattino rispetto alla sera, potrebbe suggerire orari di studio ottimali. Inoltre, se rileva che uno studente rimane concentrato per soli 20 minuti prima di iniziare a distrarsi, potrebbe strutturare le sessioni di apprendimento per essere brevi e focalizzate.

Un altro aspetto importante dell'adattamento dinamico dei contenuti riguarda la lingua e la cultura. Con studenti provenienti da diverse parti del mondo, è essenziale che il materiale didattico sia culturalmente rilevante e sensibile. I sistemi di AI possono adattare esempi, scenari e persino linguaggio per essere più risonanti con lo sfondo culturale dello studente.

Mentre questi sviluppi sono promettenti, è fondamentale che gli educatori mantengano un ruolo centrale nel processo educativo. Gli algoritmi possono offrire suggerimenti basati su dati, ma la capacità umana di comprendere, empatizzare e reagire alle sfumature emotive e sociali dell'apprendimento rimane insostituibile. La vera magia si verifica quando l'AI funge da estensione delle capacità dell'educatore, piuttosto che come sostituto. Con una collaborazione appropriata, la tecnologia e la toccante natura umana dell'insegnamento possono coesistere, portando a un'esperienza di apprendimento veramente arricchente e trasformativa per gli studenti.

L'adozione dell'intelligenza artificiale nel panorama educativo sta aprendo porte precedentemente inimmaginabili, ma come con ogni avanzamento tecnologico, la sua integrazione richiede discernimento, precisione e una profonda comprensione del contesto in cui viene utilizzata.

Tutoring Personalizzato: Il potenziale del tutoring personalizzato va ben oltre l'adattamento ai ritmi individuali di apprendimento. Esso offre un'opportunità senza precedenti di creare un percorso di apprendimento su misura per ciascun studente, tenendo conto non solo delle loro competenze e lacune, ma anche dei loro stili e preferenze di apprendimento. Eppure, non si può ignorare il fatto che un approccio eccessivamente personalizzato potrebbe correre il rischio di isolare gli studenti in "bolle" di apprendimento, impedendo loro di acquisire competenze trasversali e di confrontarsi con opinioni diverse.

Giochi Educativi Intelligenti: Questi rappresentano una fusione di apprendimento e divertimento, un connubio che, se gestito correttamente, può massimizzare l'ingaggio e la ritenzione. Tuttavia, vi è il pericolo inerente che l'elemento ludico possa sopraffare l'obiettivo educativo. La sfida principale qui è bilanciare efficacemente gioco e istruzione, assicurando che gli studenti acquisiscano le competenze e le conoscenze desiderate mentre sono anche intrattenuti.

Adattamento Dinamico dei Contenuti: L'abilità dell'AI di adattarsi in tempo reale ai bisogni degli studenti può rivoluzionare il modo in cui viene fornito l'istruzione. Questo modello dinamico può offrire materiali e risorse che sono esattamente allineati con ciò di cui uno studente ha bisogno in un dato momento. Tuttavia, ciò solleva anche domande sul come standardizzare l'istruzione e garantire che tutti gli studenti raggiungano determinati benchmark.

In conclusione, mentre le strategie di apprendimento potenziate dall'AI offrono immense opportunità per rivoluzionare l'istruzione, è fondamentale procedere con cautela. Ogni innovazione deve essere valutata non solo per la sua efficacia immediata, ma anche per le sue implicazioni a lungo termine sulla pedagogia, sull'interazione sociale tra studenti e sull'esperienza educativa complessiva. La chiave del successo sarà la capacità di integrare queste tecnologie in modo che completino e amplifichino le migliori pratiche educative, piuttosto che sostituirle. L'istruzione, infatti, rimane un'impresa profondamente umana, e mentre l'AI può arricchirla, il cuore dell'apprendimento risiede nel rapporto tra studente e insegnante e nella comunità di apprendimento che insieme creano.

5. **Miglioramento dell'Efficienza degli Insegnanti con l'AI**:

Gli insegnanti sono la spina dorsale del sistema educativo. Tuttavia, molto del loro tempo è spesso assorbito da compiti amministrativi e ripetitivi che potrebbero essere gestiti in modo più efficiente. Qui entra in gioco l'intelligenza artificiale, che può agire come un estensore delle capacità degli insegnanti, liberandoli per concentrarsi su ciò che fanno meglio: insegnare.

Automazione di Compiti Ripetitivi: Molte delle responsabilità quotidiane degli insegnanti, come la registrazione delle presenze, la correzione di test a scelta multipla o la gestione dei voti, possono essere automatizzate grazie all'AI. Ciò può ridurre notevolmente il carico di lavoro amministrativo, permettendo agli insegnanti di dedicare più tempo all'interazione diretta con gli studenti. Ad esempio, sistemi basati sull'AI possono valutare automaticamente le risposte degli studenti a quiz e test, fornendo feedback immediato e permettendo agli insegnanti di identificare rapidamente le aree in cui gli studenti potrebbero avere bisogno di ulteriore supporto.

Assistenza nella Preparazione delle Lezioni: Con l'uso dell'AI, gli insegnanti possono avere accesso a suggerimenti personalizzati per materiali didattici basati sulle prestazioni e sui bisogni degli studenti. I sistemi possono suggerire risorse, attività o strategie didattiche che sono state particolarmente efficaci per studenti con profili simili in passato. Inoltre, piattaforme basate sull'AI possono aiutare a organizzare e categorizzare materiali didattici, facilitando la creazione di lezioni coerenti e ben strutturate.

Analisi e Feedback in Tempo Reale: La vera rivoluzione dell'AI in ambito educativo potrebbe risiedere nella sua capacità di fornire analisi e feedback in tempo reale. Attraverso l'analisi dei dati, gli insegnanti possono ricevere informazioni immediate sulle prestazioni degli studenti, identificando tendenze, punti di forza e aree di miglioramento. Questo non solo aiuta a personalizzare l'istruzione per ogni studente, ma offre anche agli insegnanti una visione d'insieme del progresso della classe. Ad esempio, se un sistema rileva che la maggior parte degli studenti sta lottando con un particolare concetto, l'insegnante può decidere di rivedere quel materiale in classe.

In conclusione, l'AI non mira a sostituire gli insegnanti, ma piuttosto a migliorare e potenziare le loro capacità. La combinazione di intuizione umana e capacità di analisi basata su dati può portare a un'istruzione più efficace e personalizzata. E mentre l'AI può gestire molte delle funzioni amministrative e analitiche, il cuore dell'istruzione - la connessione umana, l'empatia, la guida e il mentore - rimarrà sempre al centro della professione docente.

L'adozione dell'intelligenza artificiale nell'ambito dell'istruzione sta trasformando il modo in cui gli insegnanti interagiscono con i propri studenti e gestiscono le loro responsabilità quotidiane. Ma quali sono le implicazioni più profonde e come l'IA sta modellando la pedagogia moderna?

Collaborazione tra Insegnanti e Sistemi AI: L'IA può agire come un assistente virtuale per gli insegnanti. Per esempio, sistemi basati sull'IA possono monitorare le discussioni in classe, prendendo nota delle domande frequenti degli studenti e suggerendo risorse o strategie per affrontare tali domande in modo più efficace. Ciò consente agli insegnanti di rispondere alle esigenze degli studenti in modo più agile e informa la loro pratica didattica.

Prevenzione dell'Erosione del Morale: Un carico di lavoro eccessivo e il sentimento di essere sommersi da compiti amministrativi possono erodere il morale degli insegnanti. L'IA, riducendo questo onere, può contribuire a mantenere alta la motivazione e la soddisfazione professionale. Con meno tempo speso in compiti ripetitivi, gli insegnanti possono dedicare più energie alla crescita professionale, alla formazione continua e all'interazione costruttiva con i colleghi.

Identificazione Precoce degli Studenti a Rischio: Attraverso l'analisi dei dati, l'IA può aiutare a identificare gli studenti che potrebbero essere a rischio di caduta didattica o di disimpegno. Ciò consente agli insegnanti di intervenire precocemente, fornendo supporto mirato prima che si manifestino problemi più gravi.

Integrazione con la Tecnologia Esistente: Molte scuole hanno già adottato diverse tecnologie, dalle piattaforme LMS (Learning Management System) ai software di valutazione. L'IA può integrarsi con questi sistemi, permettendo un flusso di dati più fluido e una maggiore interoperabilità. Questo può rendere più semplice per gli insegnanti monitorare l'andamento degli studenti attraverso diverse piattaforme e strumenti.

Formazione e Sviluppo Professionale: Mentre l'IA può automatizzare molte funzioni, è essenziale che gli insegnanti comprendano come funziona e come può essere utilizzata in modo efficace. Ciò richiede formazione e sviluppo professionale. Le sessioni di formazione possono aiutare gli insegnanti a navigare nella nuova tecnologia, a comprendere le sue potenzialità e limitazioni e a integrarla nella loro pratica quotidiana in modo etico e responsabile.

Riflessione sulla Pratica: Con l'AI che fornisce feedback e analisi, gli insegnanti possono essere meglio attrezzati per riflettere sulla loro pratica. Ad esempio, potrebbero ricevere informazioni sull'efficacia delle loro strategie didattiche o sul modo in cui gestiscono le dinamiche di classe. Queste informazioni possono informare la loro crescita e sviluppo professionale.

In generale, mentre l'AI offre numerosi vantaggi, è fondamentale ricordare che la tecnologia è uno strumento, e come ogni strumento, il suo valore deriva dal modo in cui viene utilizzato. Per massimizzare i benefici dell'IA nell'istruzione, è essenziale un'adozione ponderata, una formazione adeguata e una riflessione costante sulla pratica.

Miglioramento dell'Efficienza degli Insegnanti con l'AI: Conclusione

Il mondo dell'istruzione sta entrando in una nuova era grazie all'intelligenza artificiale. Le potenzialità dell'AI per gli insegnanti sono enormi e vanno ben oltre la semplice automazione dei compiti. Esse si estendono alla creazione di ambienti di apprendimento più reattivi e personalizzati, alla comprensione profonda delle esigenze individuali degli studenti e alla possibilità di adattare le strategie didattiche in tempo reale.

In primo luogo, dobbiamo considerare l'IA come un compagno piuttosto che come un sostituto. Gli insegnanti rimangono fondamentali nel processo educativo, poiché offrono una comprensione, empatia e connessione umana che nessuna macchina può replicare. Tuttavia, l'AI può elevare il ruolo dell'insegnante, consentendo loro di concentrarsi su ciò che è veramente importante: il benessere e lo sviluppo degli studenti.

Uno dei vantaggi più significativi dell'AI è la sua capacità di analizzare grandi quantità di dati e di fornire feedback praticamente in tempo reale. Questo feedback può essere utilizzato per rilevare modelli di apprendimento, identificare studenti a rischio, o semplicemente offrire suggerimenti su come migliorare la consegna di un particolare argomento. L'analisi dei dati può anche aiutare gli insegnanti a riconoscere e affrontare le proprie aree di debolezza, fornendo loro gli strumenti per un miglioramento continuo.

L'automazione di compiti ripetitivi, dal tracciamento delle presenze alla correzione automatica di test, offre un enorme risparmio di tempo. Questo tempo può essere reinvestito in attività più produttive, come la pianificazione di lezioni creative, la formazione professionale, o semplicemente l'interazione uno-a-uno con gli studenti.

Tuttavia, con l'introduzione dell'AI nel mondo educativo, sorgono anche sfide. C'è la necessità di formare gli insegnanti su come utilizzare efficacemente questi nuovi strumenti, garantendo che abbiano le competenze necessarie per navigare nel paesaggio tecnologico in evoluzione. C'è anche una responsabilità etica nel garantire che l'IA sia utilizzata in modo equo e che non esacerbi le disuguaglianze esistenti nell'istruzione.

In conclusione, mentre l'intelligenza artificiale ha il potenziale per rivoluzionare l'istruzione, il suo vero valore risiede nella sua capacità di potenziare gli insegnanti, non di sostituirli. Con una formazione adeguata, una comprensione profonda delle potenzialità e delle limitazioni dell'IA, e un impegno verso l'apprendimento centrato sullo studente, gli insegnanti possono sfruttare l'AI per offrire un'istruzione di qualità superiore, preparando efficacemente gli studenti per un mondo sempre più interconnesso e tecnologicamente avanzato.

6. Gli Strumenti AI per la Valutazione

L'educazione ha sempre avuto la necessità di valutare e monitorare le prestazioni degli studenti. Con l'avvento dell'intelligenza artificiale, la valutazione sta diventando più sofisticata, accurata e personalizzata. Ecco come l'AI sta influenzando gli strumenti di valutazione e ciò che ciò significa per l'istruzione moderna.

Correzione Automatica: I giorni in cui gli insegnanti passavano ore a correggere manualmente compiti e test sono ormai al tramonto. La correzione automatica, alimentata da algoritmi avanzati, può gestire rapidamente grandi quantità di dati, offrendo risultati in tempo reale.

- **Compiti e Quiz**: Gli strumenti basati su AI possono correggere automaticamente risposte a scelta multipla, domande a risposta breve e persino problemi di matematica. Questa correzione istantanea non solo risparmia tempo, ma fornisce anche agli studenti un feedback immediato, aiutandoli a identificare e correggere gli errori in tempo reale.

- **Valutazione della Grammatica e del Contenuto**: Per gli elaborati più lunghi, l'IA può analizzare la struttura grammaticale, il flusso del contenuto e l'uso del linguaggio, offrendo suggerimenti e correzioni.

Rilevamento del Plagio: Il plagio è una preoccupazione crescente in molti istituti educativi. Grazie all'IA, è possibile:

- **Confronto con Database Estesi**: L'AI può confrontare rapidamente un lavoro con miliardi di documenti, identificando somiglianze e potenziali problemi.
- **Analisi dello Stile di Scrittura**: L'IA può riconoscere anomalie nello stile di scrittura di uno studente, suggerendo possibili aree di preoccupazione.

Analisi delle Prestazioni degli Studenti: Oltre a fornire una correzione, l'AI può offrire una profonda analisi delle prestazioni degli studenti, identificando aree di forza e di debolezza.

- **Individuazione delle Lacune**: Con una panoramica della performance di uno studente, l'AI può identificare argomenti o concetti specifici con cui uno studente potrebbe avere difficoltà, permettendo un intervento tempestivo.

- **Previsioni di Successo**: Basandosi su dati storici e attuali, l'AI può prevedere come uno studente potrebbe comportarsi in futuro, offrendo la possibilità di offrire supporto mirato prima che emergano problemi.
- **Personalizzazione dell'Apprendimento**: Analizzando le risposte e le interazioni degli studenti, l'AI può suggerire risorse o percorsi di apprendimento personalizzati per aiutare gli studenti a massimizzare il loro potenziale.

In sintesi, gli strumenti basati sull'IA per la valutazione stanno diventando strumenti indispensabili nell'ambito educativo. Offrono non solo un modo efficiente di gestire grandi quantità di dati, ma forniscono anche insight preziosi che possono guidare l'istruzione e aiutare gli studenti a prosperare. Con una formazione adeguata e un uso etico, questi strumenti hanno il potenziale di trasformare la valutazione in un processo più equo, accurato e orientato alla crescita.

L'importanza della valutazione nell'educazione non può essere sottolineata abbastanza. In particolare, in un'era dominata dalla tecnologia e dai dati, gli strumenti AI per la valutazione stanno emergendo come una componente chiave del paesaggio educativo.

Correzione Automatica:

- **Apprendimento Continuo**: Una delle sfide della correzione automatica è garantire che l'AI sia sempre all'avanguardia nelle sue capacità di valutazione. L'IA, attraverso l'apprendimento automatico, può essere addestrata a comprendere nuovi formati di risposte e nuovi stili di domande. Inoltre, può anche imparare dalle sue stesse valutazioni, migliorando costantemente la sua precisione e riducendo gli errori.
- **Valutazione Olistica**: Oltre a correggere risposte specifiche, gli strumenti AI stanno diventando capaci di valutare gli studenti su competenze più ampie, come la capacità di pensiero critico o di problem-solving, analizzando le risposte in modo più olistico.

Rilevamento del Plagio:

- **Intelligenza Emotiva Artificiale**: Alcuni strumenti AI avanzati stanno esplorando la possibilità di rilevare non solo il plagio, ma anche la sincerità o l'originalità di un lavoro.

Questi algoritmi cercano di capire se un pezzo di scrittura rispecchia il vero pensiero o sentimento dello studente, piuttosto che essere semplicemente una replica o un riassunto di fonti esterne.

- **Dati Metalinguistici**: L'IA può analizzare non solo il contenuto di un testo, ma anche i dati metalinguistici associati, come il tempo trascorso a scrivere, le pause e i ritmi di battitura. Questi possono offrire indizi ulteriori sulla originalità e l'autenticità di un lavoro.

Analisi delle Prestazioni degli Studenti:

- **Mappe di Calore**: Alcuni strumenti AI possono creare mappe di calore basate sulle risposte degli studenti. Queste mappe forniscono una rappresentazione visiva di dove gli studenti stanno prosperando e dove stanno incontrando difficoltà, permettendo agli insegnanti di adattare le loro lezioni di conseguenza.
- **Interazione con Altre Piattaforme**: Gli strumenti di valutazione basati sull'IA possono interagire con altre piattaforme di apprendimento o sistemi di gestione dell'apprendimento. Questo consente una valutazione più olistica delle prestazioni degli studenti, combinando dati da diverse fonti per

avere una visione completa del progresso di uno studente.

- **Feedback Emotivo**: Oltre alla valutazione puramente accademica, alcuni strumenti avanzati stanno esplorando la possibilità di fornire feedback emotivo. Questo si basa sull'analisi di come gli studenti interagiscono con il materiale, come ad esempio il tempo trascorso su una particolare domanda, o le esitazioni prima di rispondere, per determinare il livello di confidenza o ansia dello studente.

L'utilizzo dell'IA nella valutazione può essere visto come un'estensione della sua applicazione nell'educazione in generale. Offre la promessa di una valutazione più precisa, tempestiva e personalizzata. Tuttavia, è essenziale che gli educatori e le istituzioni rimangano critici e consapevoli delle sue limitazioni, garantendo che gli strumenti basati sull'IA siano utilizzati in modo etico e responsabile.

Mentre esploriamo ulteriormente gli impatti e le capacità della valutazione basata sull'AI, emergono molte sfaccettature che possono trasformare l'educazione come la conosciamo.

Interazione Umano-AI nella Correzione:

- **Collaborazione**: Gli insegnanti possono utilizzare gli strumenti di correzione automatica come un primo passo nel processo di valutazione, e poi rivedere personalmente gli errori segnalati o le aree grigie. Questa collaborazione tra uomo e macchina può garantire una maggiore precisione e un feedback più personale per lo studente.
- **Bias e Neutralità**: La correzione automatica basata sull'AI, se non è adeguatamente calibrata, potrebbe mostrare bias verso determinati stili di scrittura o risposte. Gli educatori devono essere consapevoli di questi potenziali bias e intervenire quando necessario per garantire una valutazione equa.

Plagio e Etica dell'IA:

- **Educazione Etica**: Con la capacità di rilevare il plagio, gli educatori hanno ora la possibilità di concentrarsi sull'educazione etica degli studenti, spiegando l'importanza dell'integrità accademica e delle originali contribuzioni.
- **Limiti del Rilevamento**: Sebbene l'IA sia potente nel rilevare il plagio, non può comprendere pienamente il contesto in cui un pezzo di testo è stato scritto. Gli studenti

potrebbero citare involontariamente senza malizia o potrebbero avere stili di scrittura simili a fonti esterne senza effettivo plagio.

Analisi Profonda delle Prestazioni degli Studenti:

- **Valutazione Oltre i Numeri**: L'AI può andare oltre la semplice assegnazione di un punteggio. Può analizzare tendenze, comportamenti e modelli di apprendimento. Questo tipo di analisi può aiutare a identificare studenti che potrebbero avere bisogno di supporto aggiuntivo, anche se i loro voti sono mediamente buoni.

- **Dati Comportamentali**: La velocità con cui uno studente risponde, la frequenza con cui consulta le risorse o torna indietro su certe domande possono offrire indicazioni sulle sue abitudini di studio e sulla sua sicurezza. Questi dati, se interpretati correttamente, possono essere fondamentali per aiutare gli studenti a sviluppare migliori strategie di studio.

- **Previsioni a Lungo Termine**: Con l'accumulo di dati sulla performance degli studenti nel tempo, l'AI può iniziare a fare previsioni sulle potenziali carriere o percorsi di studio che potrebbero essere i più adatti per uno studente, basandosi sulle sue abilità, interessi e prestazioni.

Integrazione con Altri Sistemi:

- **Ecosistema di Apprendimento**: L'AI nella valutazione non funziona in isolamento. Può essere integrato con altri strumenti e piattaforme, come sistemi di gestione dell'apprendimento, portafogli digitali e piattaforme di contenuto, per creare un ecosistema di apprendimento completo che segue lo studente attraverso il suo percorso educativo.

La profondità e l'ampiezza dell'impacto dell'IA sulla valutazione sono vasti. Gli strumenti di valutazione basati sull'IA stanno continuamente evolvendo, offrendo nuove opportunità e sfide per gli educatori.

Adattabilità dell'IA alla Diversità degli Studenti:

- **Apprendimento Personalizzato**: Una delle forze dell'AI è la sua capacità di adattarsi e personalizzare l'apprendimento in base alle esigenze individuali degli studenti. Gli strumenti di valutazione basati sull'AI possono riconoscere le aree di forza e debolezza di ciascuno studente, fornendo feedback e risorse personalizzate per favorire la crescita individuale.

- **Riconoscimento delle Differenze Culturali**: Gli algoritmi possono essere addestrati a comprendere le differenze culturali e linguistiche, permettendo una valutazione più giusta per studenti provenienti da diverse tradizioni educative. Ad esempio, un studente che scrive in una seconda lingua potrebbe avere strutture sintattiche uniche; l'AI può essere sensibilizzata a tali peculiarità.

Integrazione di Metodologie Didattiche Tradizionali:

- **Complemento, non Sostituzione**: È fondamentale sottolineare che l'IA non è intesa come una sostituzione della valutazione tradizionale, ma piuttosto come un complemento. Mentre la correzione automatica può gestire risposte a scelta multipla o compiti a risposta breve, la valutazione umana rimane fondamentale per compiti più complessi come saggi o progetti di ricerca.

- **Feedback Olistico**: Combinando l'analisi automatica con il feedback umano, gli studenti ricevono sia un feedback quantitativo che qualitativo, offrendo una visione olistica delle loro prestazioni.

Sicurezza e Privacy dei Dati:

- **Protezione dei Dati degli Studenti**: Con l'accumulo e l'analisi dei dati degli studenti da parte degli strumenti basati sull'AI, emerge la questione della sicurezza e della privacy. È fondamentale che tali strumenti abbiano protocolli rigorosi per proteggere i dati sensibili degli studenti.
- **Consapevolezza e Consenso**: Gli studenti e i loro tutori dovrebbero essere informati su come vengono utilizzati i loro dati e dovrebbero avere la possibilità di dare o negare il consenso per determinate applicazioni.

Implicazioni Sociali e Psicologiche:

- **Autostima e Autoefficacia**: Se non utilizzati correttamente, gli strumenti di valutazione basati sull'AI potrebbero avere un impatto negativo sulla percezione che gli studenti hanno delle loro capacità. È essenziale che il feedback fornito da questi strumenti sia costruttivo e incentrato sulla crescita.

- **Equità nell'Educazione**: Mentre l'AI ha il potenziale per rendere l'educazione più personalizzata e accessibile, esiste anche il rischio che possa amplificare le disuguaglianze esistenti, se le risorse e gli strumenti AI sono disponibili solo per determinati gruppi o istituzioni.

Innovazione Continua:

- **Evoluzione degli Algoritmi**: Proprio come gli studenti imparano e crescono, anche gli algoritmi di valutazione basati sull'AI sono in continua evoluzione. Attraverso cicli iterativi di apprendimento e adattamento, questi strumenti diventano sempre più precisi e sensibili alle esigenze degli studenti.
- **Collaborazione Interdisciplinare**: L'evoluzione degli strumenti di valutazione basati sull'AI richiede una stretta collaborazione tra esperti in pedagogia, psicologia, informatica e altri campi, garantendo che gli strumenti siano sia tecnicamente avanzati che pedagogicamente validi.

L'adozione e l'integrazione dell'AI nel mondo della valutazione educativa aprono un mondo di possibilità, ma portano anche nuove responsabilità per gli educatori, gli sviluppatori e le istituzioni. La chiave del successo sarà trovare un equilibrio tra l'innovazione tecnologica e le necessità umane fondamentali nell'educazione.

La valutazione, nel contesto educativo, è sempre stata al centro dell'esperienza di insegnamento e apprendimento. Da un lato, fornisce agli insegnanti gli strumenti necessari per misurare l'efficacia del loro insegnamento e determinare le aree di intervento; dall'altro, dà agli studenti la possibilità di comprendere le proprie aree di forza e debolezza, e di orientarsi nel proprio percorso di apprendimento.

L'introduzione degli strumenti basati sull'Intelligenza Artificiale ha portato una rivoluzione in questo ambito. Questi strumenti, attraverso l'analisi automatizzata e la capacità di processare grandi quantità di dati in tempo reale, hanno offerto opportunità mai viste prima: dalla correzione automatica che elimina l'errore umano, al rilevamento del plagio che garantisce l'integrità accademica, fino all'analisi profonda delle prestazioni degli studenti che permette una personalizzazione dell'apprendimento.

La correzione automatica, in particolare, ha trasformato la gestione delle valutazioni, liberando gli educatori da ore di correzione manuale e consentendo loro di concentrarsi sull'analisi qualitativa e sul feedback costruttivo. Ma è essenziale considerare questo strumento come un complemento alla valutazione tradizionale e non come una sostituzione. La sensibilità e l'intuito umano sono irrinunciabili, soprattutto quando si tratta di interpretare risposte complesse o di comprendere il contesto in cui uno studente si esprime.

Il rilevamento del plagio, grazie all'IA, ha aumentato notevolmente l'efficacia nell'individuare copie o imitazioni, promuovendo così l'integrità accademica e sottolineando l'importanza dell'originalità nel lavoro degli studenti. Tuttavia, gli educatori devono essere consapevoli delle sfide poste da questi strumenti, come la possibilità di falsi positivi, e devono continuare a promuovere una cultura di integrità e responsabilità tra gli studenti.

L'analisi delle prestazioni degli studenti basata sull'IA, con la sua capacità di identificare modelli e tendenze, ha aperto la porta a nuove opportunità di apprendimento personalizzato. Gli educatori possono ora avere una visione più dettagliata e olistica delle abilità e delle esigenze di ogni studente, permettendo un approccio didattico più mirato e individualizzato.

Nonostante i numerosi vantaggi offerti dagli strumenti di valutazione basati sull'IA, è fondamentale affrontare le questioni legate alla sicurezza e alla privacy dei dati. Gli studenti, e i loro tutori, devono essere rassicurati sulla sicurezza delle loro informazioni e devono essere informati su come e perché vengono utilizzati i loro dati.

In conclusione, mentre l'Intelligenza Artificiale ha indubbiamente portato innovazione e efficienza nel mondo della valutazione educativa, la sua integrazione deve essere gestita con cura, consapevolezza e un chiaro impegno etico. Gli strumenti basati sull'IA rappresentano un potente alleato per gli educatori, ma è la combinazione tra tecnologia e competenza umana che determinerà il vero successo nell'educazione del futuro.

7. Supporto Emotivo e Sociale attraverso l'AI •
Riconoscimento delle emozioni. • Interventi
mirati. • Supporto alla salute mentale degli
studenti.

Supporto Emotivo e Sociale attraverso l'AI

Riconoscimento delle emozioni: Nel
contesto dell'educazione, comprendere le
emozioni degli studenti è fondamentale. Le
emozioni giocano un ruolo chiave
nell'apprendimento: possono influenzare la
motivazione, la concentrazione e persino la
capacità di memorizzare le informazioni. Grazie
alle recenti innovazioni, l'IA ora può riconoscere
le emozioni attraverso diverse modalità:

- **Analisi del comportamento**: Alcuni sistemi
  basati sull'IA possono monitorare e analizzare i
  movimenti, i gesti e le espressioni facciali degli
  studenti durante le sessioni di apprendimento
  online per identificare segni di frustrazione,
  confusione, entusiasmo o noia.
- **Analisi del linguaggio**: L'IA può analizzare il
  linguaggio scritto o parlato degli studenti per
  rilevare emozioni o sentimenti. Ad esempio,
  l'uso di certe parole o toni potrebbe indicare
  stress, ansia o felicità.

Interventi mirati: Riconoscere le emozioni è solo il primo passo. La vera innovazione dell'IA è la sua capacità di agire in base a ciò che rileva:

- **Adattamento del contenuto**: Se un sistema rileva che uno studente è frustrato o confuso, potrebbe adattare automaticamente il materiale didattico, rendendolo più semplice o fornendo risorse aggiuntive per una maggiore chiarezza.
- **Suggerimenti in tempo reale**: Durante le sessioni di apprendimento online, se un sistema basato sull'IA rileva segni di stanchezza o distrazione, potrebbe suggerire all'utente di fare una pausa o proporre esercizi di rilassamento.
- **Feedback agli educatori**: L'IA può fornire agli insegnanti dati e analisi sul benessere emotivo generale della classe, permettendo loro di intervenire in modo proattivo e specifico.

Supporto alla salute mentale degli studenti: La pressione accademica, insieme ad altri fattori sociali e personali, può avere un impatto significativo sulla salute mentale degli studenti. Qui, l'IA può offrire strumenti di supporto:

- **Chatbot terapeutici**: Esistono chatbot basati sull'IA progettati per fornire un primo livello di supporto psicologico. Questi chatbot possono aiutare gli studenti a riflettere sui propri sentimenti, offrire strategie di coping e, se necessario, indirizzarli verso risorse professionali.

- **Monitoraggio del benessere**: Attraverso l'analisi del comportamento e del linguaggio, l'IA può monitorare il benessere generale degli studenti e rilevare segni precoci di problemi come depressione o ansia.
- **Promozione della consapevolezza**: L'IA può suggerire risorse, come meditazioni guidate, corsi di gestione dello stress o tecniche di rilassamento, basate sulle esigenze individuali degli studenti.

L'adozione di strumenti basati sull'IA per il supporto emotivo e sociale presenta enormi potenzialità, ma richiede anche una riflessione etica e metodologica. Mentre l'IA può offrire interventi tempestivi e personalizzati, è essenziale che gli studenti siano consapevoli dell'uso di tali strumenti e che la loro privacy emotiva sia rispettata. Inoltre, mentre l'IA può rilevare e rispondere a certi segnali emotivi, la comprensione profonda e l'empatia genuina offerte da un educatore o da un professionista della salute mentale rimangono insostituibili.

La relazione tra intelligenza artificiale e il benessere emotivo e sociale degli studenti è un campo emergente, con enormi potenzialità ma anche molte sfide.

Supporto Continuo 24/7: Una delle maggiori potenzialità dell'IA è la capacità di fornire supporto in qualsiasi momento. Gli studenti, soprattutto quelli universitari o quelli che studiano a distanza, spesso lavorano a orari irregolari. La possibilità di avere un chatbot o un'app basata sull'IA che offre risposte e supporto in tempo reale, indipendentemente dall'ora del giorno o della notte, può fare una grande differenza, specialmente in momenti di stress o ansia.

Integrazione con altre tecnologie: I dispositivi wearable, come gli smartwatch, stanno diventando sempre più avanzati nella rilevazione di parametri fisiologici. L'IA potrebbe analizzare questi dati per rilevare segni di stress o ansia. Ad esempio, se un studente ha un battito cardiaco elevato durante un esame o una sessione di studio, un'app basata sull'IA potrebbe suggerire tecniche di respirazione o pausa.

Rilevamento delle dinamiche di gruppo:
In un ambiente di classe o di studio di gruppo,
l'IA potrebbe analizzare le dinamiche di gruppo
per rilevare studenti che potrebbero sentirsi
esclusi o emarginati. Ad esempio, se uno
studente non partecipa attivamente alle
discussioni di gruppo o viene costantemente
interrotto, l'IA potrebbe suggerire all'insegnante
o ai leader del gruppo strategie per includere e
supportare quell'individuo.

**Creazione di ambienti virtuali di
supporto**: Piattaforme come le aule virtuali o
le comunità online basate sull'IA potrebbero
essere progettate per rilevare e rispondere alle
esigenze emotive degli studenti. Se uno studente
esprime sentimenti di frustrazione o confusione
in un forum online, ad esempio, l'IA potrebbe
automaticamente suggerire risorse o metterlo in
contatto con un tutor.

**Limiti etici e considerazioni sulla
privacy**: La raccolta e l'analisi dei dati emotivi
e comportamentali degli studenti pongono
importanti questioni etiche. Come vengono
utilizzati questi dati? Chi ha accesso a essi? Gli
studenti sono pienamente consapevoli e hanno
dato il loro consenso informato? È

fondamentale avere politiche chiare e trasparenti in merito.

Training e aggiornamento: Affinché gli strumenti basati sull'IA siano efficaci nel rilevare e rispondere alle esigenze emotive degli studenti, necessitano di un continuo aggiornamento. Le emozioni e le reazioni degli studenti possono cambiare nel tempo e in base al contesto. È essenziale che questi strumenti siano flessibili e si adattino alle esigenze mutevoli degli studenti.

In conclusione, mentre l'IA offre strumenti promettenti per il supporto emotivo e sociale degli studenti, è fondamentale utilizzarla con consapevolezza e responsabilità. La tecnologia può offrire soluzioni innovative, ma la cura, l'attenzione e la comprensione umana sono sempre al centro del benessere degli studenti.

Comunicazione Emotiva Assistita dall'AI: Oltre ai sistemi di riconoscimento delle emozioni, la tecnologia sta facendo progressi nel campo della comunicazione emotiva. Alcuni sistemi basati sull'AI sono progettati per assistere gli studenti nello sviluppo delle loro competenze comunicative, specialmente quelli con difficoltà sociali o disturbi dello spettro autistico. Questi sistemi possono aiutare gli studenti a riconoscere e interpretare le emozioni altrui, e a rispondere in modo appropriato.

Ambienti Virtuali di Apprendimento e Realità Virtuale: La realtà virtuale (VR) sta diventando sempre più una risorsa didattica. Queste piattaforme VR, combinate con l'IA, possono creare ambienti immersivi che rispondono alle emozioni degli studenti. Ad esempio, se un ambiente virtuale rileva che uno studente si sente ansioso, potrebbe adattarsi per diventare più rilassante o offrire attività distrattive.

Formazione Emozionale per Insegnanti: Con la crescente importanza della salute mentale nelle scuole, la formazione degli insegnanti in questo campo è fondamentale. Alcuni programmi basati sull'IA possono aiutare gli insegnanti a riconoscere i segni di disturbi emotivi o mentali negli studenti, fornendo allo stesso tempo strategie per intervenire in modo appropriato.

Prevenzione dell'Intimidazione e Cyberbullismo: L'IA può anche giocare un ruolo nella prevenzione dell'intimidazione e del cyberbullismo. Gli algoritmi possono monitorare le interazioni online degli studenti e rilevare comportamenti potenzialmente dannosi o parole chiave che indicano intimidazione, permettendo un intervento tempestivo da parte degli educatori o dei genitori.

Interventi basati su Musica e Arte: L'IA sta trovando applicazione anche nel campo delle arti. Ad esempio, alcuni programmi possono suggerire musica basata sulle emozioni rilevate dall'ascoltatore, o guidare gli studenti attraverso esercizi artistici progettati per esplorare e esprimere i loro sentimenti.

Inclusione di Studenti con Necessità Speciali: Gli studenti con esigenze speciali, come quelli con disturbi dello spettro autistico, disturbi dell'apprendimento o disturbi emotivi, possono trarre particolari benefici dall'AI. Gli strumenti di riconoscimento vocale possono aiutare gli studenti con difficoltà nella scrittura, mentre i programmi di riconoscimento delle emozioni possono aiutare coloro che lottano con le interazioni sociali.

Resilienza e Gestione dello Stress: In un mondo sempre più frenetico, la resilienza e la gestione dello stress sono competenze chiave. L'IA può offrire programmi interattivi che aiutano gli studenti a sviluppare queste abilità, proponendo attività, meditazioni guidate e tecniche di rilassamento basate sullo stato emotivo rilevato dell'individuo.

Ambienti di Apprendimento Intelligenti: Immagina un'aula che si adatta dinamicamente alle esigenze emotive degli studenti. Luci che cambiano intensità e colore in base al livello di concentrazione della classe, o un sistema di ventilazione che introduce aria fresca quando rileva segni di sonnolenza. L'AI potrebbe trasformare completamente l'ambiente di apprendimento fisico in risposta alle esigenze degli studenti.

Queste innovazioni offrono una visione del futuro dell'educazione che è sia eccitante sia ricca di sfide. La chiave sarà trovare il giusto equilibrio tra tecnologia e interazione umana, assicurandosi che l'AI sia usata come uno strumento per migliorare, piuttosto che sostituire, le connessioni umane.

Assistenza alla Salute Mentale degli Studenti: L'importanza della salute mentale è stata riconosciuta come cruciale per il successo accademico e il benessere generale degli studenti. Gli strumenti basati sull'IA possono fornire un primo livello di screening, identificando gli studenti che potrebbero avere bisogno di ulteriore supporto. Ad esempio, attraverso l'analisi del testo, l'AI può rilevare segni di depressione o ansia nelle risposte scritte degli studenti o nelle loro comunicazioni online.

Chatbot Terapeutici: Con la crescente necessità di interventi tempestivi in materia di salute mentale, i chatbot terapeutici basati sull'AI offrono una soluzione immediata. Questi chatbot possono interagire con gli studenti, fornendo risposte immediate e supporto psicologico, fungendo da ponte fino a quando l'intervento umano non diventa disponibile.

Integrazione di Biofeedback: La tecnologia di biofeedback, che monitora le risposte fisiologiche come la frequenza cardiaca e la sudorazione, può essere integrata con sistemi basati sull'AI per fornire feedback in tempo reale sugli stati emotivi degli studenti. Ad esempio, se un sistema rileva che uno studente è stressato, potrebbe suggerire una pausa o un esercizio di rilassamento.

Creazione di Comunità Virtuali di Supporto: L'IA può aiutare a creare spazi virtuali sicuri dove gli studenti possono esprimere le loro preoccupazioni e sentimenti, ricevendo supporto da coetanei e mentori virtuali. Questi spazi possono essere particolarmente utili per gli studenti che si sentono isolati o che hanno difficoltà a comunicare a livello personale.

Apprendimento Sociale-Emotivo con l'AI: Oltre alla salute mentale, l'apprendimento sociale ed emotivo (SEL) è fondamentale per lo sviluppo complessivo degli studenti. L'AI può essere utilizzata per sviluppare programmi interattivi che insegnano competenze SEL, come la consapevolezza di sé, la gestione di sé, la consapevolezza sociale, le capacità di relazione e la presa di decisioni responsabile.

Interfacce Brain-Computer: Mentre questa tecnologia è ancora nelle sue fasi iniziali, le interfacce brain-computer (BCI) offrono la promessa di un'interazione diretta tra il cervello e i dispositivi elettronici. Quando combinati con l'AI, questi sistemi potrebbero monitorare direttamente gli stati emotivi e cognitivi degli studenti, offrendo interventi personalizzati per migliorare il benessere e l'apprendimento.

Adattamento Culturale attraverso l'AI: La diversità culturale è una ricchezza, ma può anche portare a sfide in termini di comprensione e integrazione. L'AI può aiutare ad adattare i contenuti educativi alle specifiche esigenze culturali degli studenti, assicurando che si sentano inclusi e rispettati nel loro ambiente di apprendimento.

Feedback Empatico: Mentre gli insegnanti forniscono feedback agli studenti, l'AI può aiutare a garantire che questo feedback sia presentato in un modo empatico e supportivo, tenendo conto delle esigenze emotive e sociali dello studente.

Queste implementazioni, e molte altre che sono ancora in fase di sviluppo, rappresentano una rivoluzione nella forma e nella sostanza dell'educazione. La combinazione di tecnologia avanzata e attenzione al benessere umano ha il potenziale di creare un sistema educativo che non solo istruisce, ma anche nutre e sostiene ogni studente in modo unico e personalizzato.

La promessa dell'intelligenza artificiale nell'ambito dell'educazione non si limita solo alle sue applicazioni dirette nell'insegnamento o nella valutazione. L'AI ha il potenziale di rivoluzionare la nostra comprensione e gestione del benessere emotivo e sociale degli studenti, un aspetto fondamentale per una formazione completa e olistica.

Il **riconoscimento delle emozioni** tramite l'IA può fornire una lente attraverso cui comprendere meglio lo stato interno degli studenti. Questo non solo può aiutare a identificare tempestivamente potenziali problemi di salute mentale, ma anche ad adattare le strategie di insegnamento per incontrare gli studenti nel loro stato emotivo attuale, migliorando quindi l'efficacia dell'educazione.

L'uso di chatbot terapeutici e la creazione di comunità virtuali di supporto rappresentano strumenti immediati e accessibili che possono funzionare come una rete di sicurezza per gli studenti che potrebbero non avere accesso a risorse di salute mentale tradizionali o potrebbero semplicemente aver bisogno di un outlet per esprimere le loro preoccupazioni e sentimenti.

Tuttavia, come con tutte le tecnologie emergenti, è fondamentale che l'implementazione di strumenti basati sull'IA nel contesto emotivo e sociale sia effettuata con cautela e considerazione. Ci sono legittime preoccupazioni sulla privacy e sulla sicurezza dei dati quando si parla di monitorare e analizzare le emozioni e il benessere mentale degli studenti. È essenziale che tali strumenti siano progettati con la massima attenzione all'etica, garantendo che le informazioni personali degli studenti siano protette e che l'uso di tali dati sia esclusivamente a beneficio dello studente.

Inoltre, è cruciale che questi strumenti non sostituiscano, ma piuttosto complementino, l'interazione e l'intervento umano. Un chatbot, per quanto sofisticato, non può sostituire la profondità e la complessità dell'empatia umana o la capacità di un professionista della salute mentale di fornire terapia e supporto.

In sintesi, mentre l'AI offre immense opportunità per potenziare il supporto emotivo e sociale negli ambienti educativi, è essenziale bilanciare l'entusiasmo per queste nuove tecnologie con una considerazione profonda e riflessiva delle implicazioni etiche, pratiche e sociali. La vera promessa dell'AI in questo contesto risiede nella sua capacità di lavorare in sinergia con educatori, consulenti e studenti stessi, costruendo un ambiente di apprendimento più inclusivo, attento e olistico.

8. Formazione Professionale per Educatori nell'Era AI

L'evoluzione della tecnologia, in particolare l'emergenza dell'intelligenza artificiale, sta ridefinendo molte professioni, compresa quella dell'educatore. Per poter navigare in questo paesaggio in continua evoluzione, gli insegnanti necessitano di formazione e aggiornamento costante. Ecco un approfondimento sulle opportunità disponibili:

Corsi di Formazione: I corsi strutturati rappresentano un'opzione fondamentale per gli educatori che desiderano avere una comprensione approfondita dell'AI e delle sue applicazioni nell'ambito dell'istruzione.

1. **Corsi Universitari**: Molte università stanno iniziando a offrire corsi post-laurea o specializzazioni in tecnologie educative, dove

l'AI ha un ruolo predominante. Questi corsi combinano spesso teoria pedagogica con applicazioni pratiche, permettendo agli insegnanti di sperimentare direttamente le potenzialità dell'AI in classe.

2. **Certificazioni Specializzate**: Diversi istituti e organizzazioni offrono certificazioni in tecnologie emergenti, compresa l'IA. Questi programmi sono spesso progettati per essere flessibili e adattabili alle esigenze degli educatori che lavorano.

Workshop e Seminari: Questi formati offrono occasioni di apprendimento più brevi e intensivi. Possono variare da sessioni di un giorno a intere settimane e sono ideali per educatori che desiderano una formazione pratica e interattiva.

1. **Demonstrazioni dal Vivo**: Durante i workshop, gli insegnanti possono avere l'opportunità di vedere in azione le ultime tecnologie basate sull'AI, fornendo loro una chiara visione di come potrebbero essere implementate in classe.

2. **Discussioni e Casistica**: Molti seminari pongono l'accento sullo scambio di idee e best practices tra colleghi. Gli insegnanti possono condividere le loro esperienze, discutere delle

sfide incontrate e collaborare nella ricerca di soluzioni.

Risorse Online: Con l'avvento di Internet, l'apprendimento è diventato più accessibile che mai. Ci sono numerose risorse online disponibili per gli educatori che desiderano saperne di più sull'AI.

1. **MOOCs (Massive Open Online Courses)**: Piattaforme come Coursera, Udemy e edX offrono corsi online su una vasta gamma di argomenti, tra cui l'IA e le sue applicazioni nell'educazione.
2. **Blog e Forum**: Molti esperti dell'industria e professionisti dell'educazione condividono regolarmente le loro idee, ricerche e osservazioni attraverso blog o forum dedicati. Queste piattaforme permettono agli educatori di rimanere aggiornati sulle ultime tendenze e sviluppi nel campo.
3. **Webinar**: Questi seminari online permettono agli educatori di connettersi con esperti da tutto il mondo, spesso in tempo reale, e di discutere temi specifici o avere dimostrazioni di nuovi strumenti.

In conclusione, in un mondo dove l'AI sta diventando sempre più integrata in tutti gli aspetti della società, è essenziale che gli educatori siano adeguatamente preparati per navigare e sfruttare queste nuove opportunità. Attraverso una formazione mirata e continua, possono acquisire le competenze necessarie per migliorare ulteriormente la qualità dell'istruzione e preparare adeguatamente i loro studenti per il futuro.

L'incursione dell'AI nel mondo dell'istruzione ha fatto emergere una serie di sfide e opportunità. Sebbene vi siano molte risorse disponibili, la necessità di formazione professionale per gli educatori è una chiara indicazione che siamo ancora all'inizio di una profonda trasformazione.

Un elemento fondamentale in questa trasformazione è la **necessità di un approccio interdisciplinare**. L'AI non riguarda solo l'informatica o l'ingegneria; ha implicazioni in psicologia, neuroscienze, sociologia e, ovviamente, pedagogia. Questo significa che la formazione degli educatori nell'era AI non dovrebbe limitarsi a come utilizzare gli strumenti, ma anche a come questi strumenti influenzano l'apprendimento e lo sviluppo umano.

Apprendimento Basato sui Progetti e l'IA:
Una strategia emergente è l'apprendimento
basato sui progetti (PBL) che incorpora l'AI.
Invece di imparare l'AI come una disciplina
separata, gli studenti e gli insegnanti lavorano
su progetti che richiedono l'uso dell'IA per
risolvere problemi reali. Questo potrebbe
significare la creazione di un chatbot per
rispondere alle domande frequenti della scuola
o l'utilizzo dell'analisi dei dati per comprendere
meglio le tendenze comportamentali degli
studenti. I benefici di un tale approccio sono
molteplici: gli educatori imparano "sul campo",
mentre gli studenti vedono applicazioni pratiche
dell'AI nella loro vita quotidiana.

Mentorship e Networking: Oltre ai corsi e ai
seminari tradizionali, la formazione degli
educatori può trarre beneficio dal mentorship e
dal networking. Ciò significa collegare educatori
meno esperti con quelli che hanno già una certa
esperienza nell'uso dell'AI. Questi rapporti
possono essere particolarmente preziosi per
risolvere problemi specifici o per comprendere
le sfumature dell'integrazione dell'AI in aula.

Simulazioni e Realtà Virtuale: Un altro
aspetto emozionante della formazione nell'era
AI è l'uso di simulazioni e realtà virtuale (VR).

Gli educatori possono immergersi in aule virtuali dove possono sperimentare direttamente le implicazioni dell'uso dell'AI con gli studenti virtuali. Questo tipo di ambiente controllato permette agli educatori di sperimentare, fare errori e apprendere in un contesto senza rischi.

Etica e AI: Non possiamo parlare di formazione AI senza affrontare la questione dell'etica. Con le enormi quantità di dati generati e utilizzati, gli educatori devono essere formati non solo su come utilizzare l'AI, ma anche su come farlo in modo responsabile. Questo include comprendere le preoccupazioni sulla privacy, le sfide dell'interpretazione dei dati e le potenziali disuguaglianze o pregiudizi che possono emergere quando si utilizza l'AI.

In tutto ciò, la chiave è mantenere l'umanità al centro dell'istruzione. L'AI può offrire strumenti e risorse incredibili, ma senza una guida umana riflessiva, può perdere il suo vero valore. Gli educatori hanno la responsabilità non solo di integrare l'AI, ma di farlo in modo che arricchisca l'esperienza umana dell'apprendimento.

La Personalizzazione della Formazione:
Un aspetto cruciale della formazione nell'era AI
è la personalizzazione. Così come l'AI può
aiutare a personalizzare l'esperienza di
apprendimento per gli studenti, può anche
adattarsi alle esigenze individuali degli
educatori. Questo potrebbe significare moduli di
formazione che si adattano in base alle
precedenti esperienze tecnologiche di un
educatore, o corsi che si concentramo su aree
specifiche di interesse o di bisogno. La
personalizzazione può garantire che ogni
educatore ottenga il massimo dalla sua
formazione, riducendo al minimo il tempo
sprecato su argomenti già noti o irrilevanti per il
suo contesto specifico.

Collaborazione Interistituzionale: Le
istituzioni educative possono trarre beneficio
dalla collaborazione in termini di formazione
AI. Questo può prendere la forma di programmi
congiunti, corsi e workshop condivisi o
piattaforme online collaborative dove gli
educatori possono condividere risorse, lezioni
apprese e best practices. Collaborando, le scuole
e le università possono massimizzare le risorse e
offrire un'istruzione di qualità superiore rispetto
a quello che potrebbero fare individualmente.

L'Importanza della Pratica Riflessiva: Mentre gli educatori si immergono nell'uso dell'AI, la pratica riflessiva diventa essenziale. Ciò significa prendersi il tempo per riflettere su come stanno utilizzando l'AI, quali benefici stanno ottenendo, quali sfide stanno incontrando e come possono migliorare. Questa riflessione può essere facilitata attraverso diari di bordo, gruppi di discussione o sessioni di mentoring. La chiave è assicurarsi che l'adozione dell'AI non sia solo una reazione passiva alle nuove tecnologie, ma una scelta pedagogica attiva e ponderata.

Il Ruolo dei Laboratori Creativi: Una metodologia emergente per la formazione professionale sono i "laboratori creativi" o "hackathons educativi", dove gli educatori si riuniscono per creare soluzioni basate sull'AI a sfide educative specifiche. Questi laboratori offrono un'opportunità hands-on per gli educatori di interagire direttamente con la tecnologia, spesso con il supporto di esperti tecnici. In questi ambienti, gli educatori possono rapidamente prototipizzare idee, testarle e iterarle, offrendo un apprendimento pratico e immediato.

Formazione Continua e Aggiornamento: Dato il ritmo di evoluzione della tecnologia AI, la formazione per gli educatori non può essere una cosa una tantum. Ci deve essere un impegno per la formazione continua e l'aggiornamento. Questo potrebbe includere sottoscrizioni a riviste o piattaforme di formazione online, partecipazione a conferenze annuali sull'AI in educazione, o periodi sabatici dedicati all'esplorazione delle ultime innovazioni nel campo.

Nel complesso, la formazione professionale per gli educatori nell'era AI è un compito complesso che richiede un'attenzione attenta alle esigenze individuali, alle opportunità collaborative e alle sfide etiche e pedagogiche emergenti. Con un impegno per l'apprendimento continuo e una riflessione critica, gli educatori possono posizionarsi al centro di questa rivoluzione educativa, garantendo che le loro aule sfruttino al meglio le potenzialità offerte dall'AI.

L'Importanza delle Reti Peer-to-Peer: Mentre la formazione ufficiale è fondamentale, la connessione con colleghi ed esperti può offrire una forma di apprendimento altrettanto preziosa. Le reti peer-to-peer, sia fisiche che online, permettono agli educatori di condividere esperienze, sfide e soluzioni in tempo reale. Le piattaforme di social media, i forum di discussione e le comunità online dedicate all'IA nell'educazione sono luoghi in cui gli educatori possono porre domande, condividere risorse e ricevere feedback da colleghi di tutto il mondo.

Focus sulla Didattica, non solo sulla Tecnologia: Benché l'AI offra strumenti e risorse straordinarie, la vera magia dell'insegnamento risiede nella capacità dell'educatore di collegare queste tecnologie alle esigenze e ai desideri degli studenti. La formazione dovrebbe quindi equilibrare l'apprendimento tecnico con la pedagogia, assicurando che gli insegnanti siano preparati non solo a utilizzare l'AI, ma a farlo in modo efficace e significativo dal punto di vista didattico.

L'Etica dell'AI: Ogni corso di formazione sull'AI per educatori dovrebbe includere una sezione sull'etica. Gli educatori devono essere consapevoli delle potenziali sfide etiche legate all'uso dell'IA, dalle preoccupazioni sulla privacy dei dati, alle possibili disuguaglianze nell'accesso alla tecnologia. Comprendere e riflettere su questi problemi è essenziale per un uso responsabile e consapevole dell'AI in classe.

Simulazioni e Role-playing: Uno strumento formativo efficace può essere l'uso di simulazioni e giochi di ruolo che permettono agli educatori di immergersi in scenari ipotetici, ma realistici, in cui l'AI gioca un ruolo centrale. Questo può aiutare gli insegnanti a prevedere sfide, a riflettere su possibili soluzioni e a familiarizzare con le decisioni che potrebbero dover prendere in futuro.

Integrazione con la Pratica Reale: La teoria e la formazione simulata sono fondamentali, ma niente può sostituire l'esperienza pratica. Gli educatori dovrebbero avere l'opportunità di integrare gli strumenti AI nelle loro lezioni, con il supporto di tutor o mentor. Questo approccio hands-on permette di affrontare le sfide in tempo reale e di adattare le strategie sulla base dei feedback degli studenti.

Iniziative di Formazione Globale: Con l'avvento delle piattaforme di apprendimento online, gli educatori hanno accesso a risorse da tutto il mondo. Questo offre un'opportunità unica per apprendere da diverse culture e approcci pedagogici, e per vedere come l'AI viene utilizzato in contesti diversi. Gli educatori possono beneficiare enormemente dalla partecipazione a queste iniziative globali, ampliando la loro comprensione e adottando una prospettiva più olistica sull'educazione nell'era AI.

La formazione professionale degli educatori nell'era dell'Intelligenza Artificiale non è un lusso, ma una necessità fondamentale. Viviamo in un'epoca in cui la tecnologia, e in particolare l'AI, sta plasmando in modo significativo la nostra società. Gli studenti di oggi si affacciano a un mondo in cui l'IA influenzerà le loro carriere, le loro interazioni quotidiane e persino la loro comprensione di sé. Come possono, quindi, gli educatori prepararli adeguatamente se non sono essi stessi ben formati e preparati?

Corsi di Formazione: Ogni corso deve fornire agli educatori una solida comprensione sia delle capacità tecniche dell'AI sia delle sue applicazioni pedagogiche. Questo significa che gli educatori devono imparare come funzionano le principali tecnologie dell'AI, come le reti neurali o gli algoritmi di apprendimento automatico, ma anche come queste possono essere integrate in modo significativo in un curricolo. Gli educatori devono anche essere formati su come valutare criticamente gli strumenti basati sull'AI, per garantire che siano eticamente progettati e che rispettino la privacy e l'autonomia degli studenti.

Workshop e Seminari: Questi eventi in presenza offrono un'opportunità inestimabile per la formazione pratica e la collaborazione. Gli educatori possono condividere le proprie esperienze, imparare direttamente dagli esperti del settore e testare nuovi strumenti e strategie in un ambiente di supporto. Questi eventi possono anche aiutare a costruire una comunità di pratica tra gli educatori, promuovendo la condivisione continua di risorse e conoscenze.

Risorse Online: Il digitale offre un'infinita quantità di risorse, dagli archivi di corsi online, ai webinar, ai tutorial. Questi strumenti sono essenziali per la formazione continua, consentendo agli educatori di aggiornarsi sulle ultime innovazioni e ricerche nel campo dell'AI.

In conclusione, mentre l'Intelligenza Artificiale ha il potenziale per rivoluzionare l'istruzione, questo potenziale può essere realizzato solo se gli educatori sono adeguatamente preparati. La formazione professionale nell'era dell'AI non riguarda solo la tecnologia, ma anche la pedagogia, l'etica e la critica. Gli educatori devono diventare non solo consumatori competenti di tecnologie basate sull'AI, ma anche critici informati e innovatori responsabili. Attraverso corsi di formazione, workshop, seminari e risorse online, possiamo garantire che gli educatori siano pronti a guidare i loro studenti in questo nuovo e entusiasmante futuro.

9. Problematiche Etiche dell'AI in Educazione

Privacy e Sicurezza: Uno dei problemi più pressanti legati all'uso dell'AI in campo educativo è la privacy degli studenti. Gli strumenti basati sull'AI spesso richiedono l'accesso a grandi quantità di dati sugli studenti per funzionare efficacemente. Questi dati possono includere informazioni personali, risposte a test, interazioni in classe e persino dati biometrici come tracciamenti oculari o espressioni facciali. Se tali dati cadesse in mani sbagliate o venisse usato in modi non previsti, ciò potrebbe mettere a rischio la privacy degli studenti.

Un altro problema legato alla privacy è il potenziale per la sorveglianza continua. Se gli algoritmi dell'AI monitorano continuamente gli studenti per valutare le loro prestazioni, questo può creare un ambiente in cui gli studenti si sentono costantemente osservati, potenzialmente limitando la loro volontà di esplorare e sperimentare.

Equità e Inclusione: Se non ben calibrati, gli algoritmi dell'AI possono perpetuare o persino esacerbare le esistenti disparità sociali ed educative. Ad esempio, un sistema di tutoraggio basato sull'AI potrebbe essere addestrato su dati provenienti principalmente da studenti di un particolare background socio-economico o culturale, rendendolo meno efficace per studenti con esperienze diverse.

L'AI può anche portare a decisioni di valutazione sbilanciate. Se un algoritmo valuta le prestazioni degli studenti basandosi su dati storici che sono intrinsecamente prevenuti, ad esempio favorendo un particolare gruppo di studenti rispetto ad un altro, ciò può portare a valutazioni ingiuste.

Dipendenza Tecnologica: C'è anche il rischio che, con l'integrazione sempre maggiore dell'AI in aula, gli educatori diventino eccessivamente dipendenti dalla tecnologia. Se gli insegnanti si affidano troppo agli strumenti basati sull'AI per l'insegnamento e la valutazione, ciò potrebbe limitare la loro capacità di adattarsi e rispondere alle esigenze individuali degli studenti. Inoltre, l'eccessiva dipendenza dalla tecnologia può anche impedire agli studenti di sviluppare abilità essenziali come il pensiero critico e la risoluzione dei problemi, poiché potrebbero diventare troppo dipendenti dalle risposte fornite dalle macchine.

In sintesi, mentre l'AI ha il potenziale per portare notevoli benefici nel campo dell'educazione, è essenziale affrontare queste preoccupazioni etiche. Educatori, amministratori, genitori e sviluppatori di tecnologia devono collaborare per garantire che l'AI sia utilizzata in modo che valorizzi e non comprometta l'istruzione. La chiave sarà trovare un equilibrio tra l'adozione di nuove tecnologie e la salvaguardia dei diritti e del benessere degli studenti.

Bias Algoritmico: Uno dei problemi etici più pressanti quando si parla di AI è il bias algoritmico. Le macchine apprendono dai dati e, se questi dati contengono pregiudizi, la macchina tenderà ad assimilare tali pregiudizi. In un contesto educativo, se ad esempio un sistema AI è addestrato su dati che privilegiano uno specifico gruppo di studenti, potrebbe non riuscire a fornire un'istruzione equa ed equilibrata a tutti gli studenti. Il riconoscimento di questi bias e il loro indirizzamento è fondamentale per garantire un'applicazione etica dell'AI nell'istruzione.

Transparenza e Accountability: Chi è responsabile quando un sistema AI commette un errore in un contesto educativo? È essenziale stabilire chiarezza sulle responsabilità. Inoltre, gli algoritmi dell'AI dovrebbero essere trasparenti, in modo che gli educatori possano comprendere come e perché vengono prese determinate decisioni. Ciò è particolarmente rilevante quando queste decisioni influenzano direttamente le vite degli studenti, come nel caso della valutazione delle prestazioni.

Personalizzazione vs. Standardizzazione: L'AI ha il potere di personalizzare l'apprendimento in base alle esigenze individuali degli studenti. Tuttavia, c'è il rischio che una personalizzazione eccessiva possa isolare gli studenti in "bolle" di apprendimento, limitando la loro esposizione a diverse prospettive e idee. D'altro canto, un approccio troppo standardizzato potrebbe non tener conto delle diverse necessità e stili di apprendimento. La sfida etica qui è trovare un equilibrio tra la personalizzazione dell'insegnamento e la garanzia che tutti gli studenti abbiano accesso a un'istruzione di alta qualità e omogenea.

Accesso Equo alla Tecnologia: Non tutti gli studenti hanno lo stesso accesso alle risorse tecnologiche. Ciò potrebbe creare una divisione tra coloro che possono beneficiare delle innovazioni offerte dall'AI e coloro che vengono lasciati indietro. L'etica richiede che si consideri come rendere l'AI accessibile a tutti, indipendentemente dal background socio-economico.

Sovraffidamento all'AI: Mentre l'AI può offrire strumenti potenti per migliorare l'educazione, c'è il rischio che studenti e insegnanti diventino troppo dipendenti da essa. La vera essenza dell'istruzione risiede nell'interazione umana: l'apprendimento collaborativo, la discussione e il dibattito, la creazione di legami tra studenti e insegnanti. L'AI dovrebbe essere vista come un complemento, e non come un sostituto, di queste interazioni fondamentali.

Dati Sensibili e Manipolazione: L'AI può raccogliere e analizzare una vasta gamma di dati sugli studenti, alcuni dei quali potrebbero essere molto personali o sensibili. Esiste il rischio che questi dati possano essere utilizzati in modi manipolativi, ad esempio per indirizzare specificamente la pubblicità agli studenti o per influenzare le loro decisioni. Gli educatori devono essere consapevoli di questi rischi e attuare misure per proteggere gli studenti.

Conservazione e Retention dei Dati: La quantità di dati che un sistema AI può raccogliere su un singolo studente è immensa. Questo solleva la questione di quanto tempo tali dati dovrebbero essere conservati e chi dovrebbe avere accesso ad essi. La conservazione a lungo termine dei dati degli studenti potrebbe presentare rischi in termini di sicurezza e potenziale abuso. C'è anche il rischio che, se interpretati fuori contesto o usati inappropriatamente, questi dati possano influire negativamente sulla percezione o sulle opportunità future dello studente.

Automatizzazione vs. Giudizio Umano: Sebbene l'IA possa aiutare nell'analisi e nell'automatizzazione di molte attività, è essenziale riconoscere l'importanza insostituibile del giudizio umano, soprattutto in un contesto educativo. Ad esempio, mentre un sistema AI potrebbe essere in grado di valutare la correttezza di una risposta matematica, potrebbe non essere in grado di apprezzare la creatività o la profondità di pensiero dietro un saggio. Affidarsi eccessivamente all'IA per le valutazioni potrebbe ridurre la qualità dell'istruzione e non riconoscere pienamente le capacità uniche degli studenti.

Educazione Algoritmica: Con l'adozione sempre maggiore dell'IA, è fondamentale che gli studenti comprendano come funzionano questi sistemi. Introdurre una formazione sull'etica dell'AI e sulla comprensione algoritmica nel curriculum potrebbe aiutare gli studenti a diventare cittadini digitali più informati e critici. La comprensione delle basi dell'AI e dei suoi potenziali pregiudizi può aiutare gli studenti a navigare in un mondo sempre più digitalizzato.

Costi Nascosti: Mentre l'IA può semplificare alcuni aspetti dell'istruzione, può anche introdurre nuovi costi, non solo finanziari ma anche sociali. Per esempio, l'implementazione di sistemi di monitoraggio basati sull'IA può influire sulla libertà degli studenti, creando ambienti di apprendimento in cui si sentono costantemente sorvegliati. Questo potrebbe a sua volta influenzare la loro disponibilità a prendere rischi nell'apprendimento o a esprimere opinioni divergenti.

Standardizzazione Globale: Con la crescente adozione di piattaforme di apprendimento online basate sull'IA, c'è il rischio di una standardizzazione globale dell'istruzione. Questo potrebbe portare a un'omogeneizzazione dei contenuti e dei metodi didattici, riducendo la diversità e la ricchezza delle tradizioni educative locali.

Rischio di Esclusione: La dipendenza dalla tecnologia potrebbe escludere quegli studenti che non hanno accesso a dispositivi adeguati o a una connessione internet stabile. Inoltre, gli studenti con esigenze speciali potrebbero trovare che alcuni strumenti basati sull'IA non sono adatti alle loro specifiche necessità, a meno che non vengano progettati tenendo conto dell'accessibilità.

Valori e Morale: Chi decide quali valori dovrebbero essere incorporati nei sistemi di AI? C'è il rischio che questi sistemi possano essere progettati secondo una particolare visione del mondo, che potrebbe non essere condivisa da tutti gli studenti o educatori. Garantire una progettazione etica e inclusiva dell'IA è fondamentale per evitare potenziali conflitti di valore.

L'incorporazione dell'IA nell'educazione non è una semplice questione di adottare la tecnologia più recente, ma richiede una riflessione profonda sulle implicazioni etiche e sociali. Gli stakeholder dell'educazione devono essere proattivi nel considerare e affrontare queste sfide, lavorando insieme per garantire che l'IA sia utilizzata in modo responsabile e benefico.

L'impiego dell'Intelligenza Artificiale (AI) nell'ambito educativo ha aperto un panorama ricco di opportunità, ma allo stesso tempo ha sollevato una serie di preoccupazioni etiche che meritano una considerazione accurata.

Privacy e sicurezza: Mentre l'IA offre strumenti avanzati per personalizzare l'esperienza educativa, la raccolta e l'analisi dei dati degli studenti pongono interrogativi sulla privacy. È essenziale che le istituzioni educative abbiano chiare linee guida su come i dati vengono raccolti, archiviati e utilizzati. Questo richiede una comprensione approfondita delle leggi sulla protezione dei dati e una continua revisione delle politiche per garantire che gli studenti e i loro dati siano protetti. Una sfida particolarmente notevole è garantire che i dati sensibili non vengano esposti o sfruttati in modi inappropriati, rispettando il diritto dell'individuo alla privacy.

Equità e inclusione: L'AI ha il potenziale per offrire esperienze di apprendimento personalizzate, ma c'è anche il rischio che possa perpetuare o amplificare pregiudizi esistenti. Ad esempio, se un algoritmo di apprendimento è addestrato su dati che riflettono pregiudizi, potrebbe ingiustamente favorire o penalizzare certi gruppi di studenti. È essenziale che i progettisti di sistemi basati sull'AI siano consapevoli di questi problemi e si adoperino attivamente per eliminare i pregiudizi nei loro sistemi. Ciò richiede un impegno nell'educazione alla giustizia sociale e un'attenzione costante all'equità in tutte le fasi della progettazione e dell'implementazione dell'AI.

Dipendenza tecnologica: Mentre gli strumenti basati sull'AI possono arricchire l'esperienza educativa, c'è il rischio che educatori e studenti diventino eccessivamente dipendenti da essi. È cruciale mantenere un equilibrio tra l'utilizzo di tecnologie avanzate e l'importanza delle interazioni umane nel processo educativo. Gli educatori devono essere formati non solo su come utilizzare gli strumenti AI, ma anche su quando è appropriato farlo, garantendo che la tecnologia serva come complemento e non come sostituto delle metodologie didattiche tradizionali.

In conclusione, l'integrazione dell'AI nell'educazione presenta una serie di sfide etiche che vanno ben oltre le semplici preoccupazioni tecniche. Affrontare queste questioni richiede un approccio olistico che tenga conto degli aspetti sociali, culturali e umani dell'educazione. Mentre l'AI offre opportunità straordinarie per migliorare e personalizzare l'apprendimento, è fondamentale che queste tecnologie vengano utilizzate in modo responsabile e riflettano i valori fondamentali dell'istruzione: equità, inclusione e rispetto per la dignità di ogni studente.

10. Inclusione e Accessibilità

L'Intelligenza Artificiale (AI) ha avuto un impatto notevole sulla creazione di soluzioni che promuovono l'inclusione e l'accessibilità nel campo dell'educazione. Questa trasformazione ha portato al riconoscimento del diritto di ogni studente di accedere a risorse educative e di imparare in un ambiente che rispetti le sue esigenze individuali.

Adattamento dei contenuti per studenti con esigenze speciali: Gli algoritmi di AI sono in grado di identificare e adattarsi alle esigenze individuali degli studenti, consentendo una personalizzazione dell'apprendimento come mai prima d'ora. Ad esempio:

- **Visione Ridotta o Cecità**: Ci sono applicazioni che possono trasformare testi scritti in audio, consentendo agli studenti con difficoltà visive di accedere ai contenuti attraverso l'ascolto. Inoltre, la realtà aumentata può aiutare a rappresentare concetti complessi in modo più palpabile per questi studenti.
- **Ipotonia o Paralisi**: Gli strumenti di riconoscimento vocale possono permettere agli studenti con difficoltà motorie di interagire con i contenuti e partecipare attivamente alle lezioni, eliminando la necessità di utilizzare tastiere o mouse.
- **Difficoltà Auditive o Sordità**: L'AI può convertire la voce dell'insegnante in testo in tempo reale, rendendo le lezioni accessibili agli studenti sordi o ipoudenti. Allo stesso tempo, è possibile utilizzare la realtà virtuale o

aumentata per insegnare la lingua dei segni in modo interattivo.

- **Disturbi dell'apprendimento**: Sistemi intelligenti possono identificare le aree in cui gli studenti potrebbero avere difficoltà e adattare i contenuti o fornire risorse aggiuntive per supportarli.

Strumenti di traduzione e interpretariato: La barriera linguistica è sempre stata una sfida nell'educazione, ma con l'AI, ciò sta cambiando rapidamente.

- **Traduzione in tempo reale**: Applicazioni come Google Translate, dotate di funzionalità basate sull'AI, possono tradurre parole, frasi e anche interi paragrafi in tempo reale, aiutando gli studenti che parlano lingue diverse a comprendere meglio i contenuti.
- **Interpretariato vocali**: Alcuni strumenti di AI ora possono agire come interpreti vocali, traducendo simultaneamente la voce dell'insegnante in un'altra lingua. Questo è particolarmente utile in aule multilingue o in situazioni in cui gli studenti e l'insegnante parlano lingue diverse.

- **Traduzione di testi specializzati**: Mentre gli strumenti di traduzione generali sono efficaci per la maggior parte dei contenuti, l'AI sta avanzando anche nella traduzione di materiale più tecnico o specializzato, garantendo che gli studenti in campi avanzati non siano lasciati indietro a causa delle barriere linguistiche.

La crescente integrazione di soluzioni basate sull'AI nell'educazione sta rendendo l'apprendimento più inclusivo e accessibile per tutti gli studenti, indipendentemente dalle loro sfide individuali. Tuttavia, è fondamentale che gli educatori siano adeguatamente formati su come utilizzare questi strumenti per garantire che vengano impiegati in modo efficace e etico.

L'approfondimento sull'inclusione e l'accessibilità nell'ambito dell'educazione supportata dall'Intelligenza Artificiale (AI) si estende oltre la semplice personalizzazione dei contenuti e la rimozione delle barriere linguistiche. In realtà, la portata dell'AI in questo contesto è tanto vasta quanto le varie sfide che gli studenti affrontano nella loro esperienza educativa.

Strumenti per la Neurodiversità: Gli studenti con disturbi dello spettro autistico (ASD) o con ADHD (disturbo da deficit di attenzione e iperattività) possono affrontare sfide uniche nell'ambiente di apprendimento. L'AI può:

- Monitorare i livelli di attenzione degli studenti e adattare di conseguenza il ritmo della lezione.
- Riconoscere e rispondere alle esigenze sensoriali degli studenti, come la necessità di pause frequenti o di stimolazioni particolari.

Accesso Equo ai Contenuti: L'AI può contribuire a garantire che tutti gli studenti, indipendentemente dal loro background socio-economico, abbiano accesso a risorse educative di alta qualità.

- Strumenti che adattano dinamicamente i contenuti in base alla connettività dell'utente, garantendo che gli studenti con un accesso limitato alla banda larga non vengano svantaggiati.
- Piattaforme che forniscono risorse educative gratuite o a basso costo basate sull'AI, rendendo l'apprendimento di alta qualità accessibile a un pubblico più ampio.

Miglioramento della Comunicazione Docente-Studente: La comunicazione tra docenti e studenti è fondamentale per l'apprendimento. L'AI può assistere in diversi modi:

- Strumenti che interpretano e traducono la lingua dei segni in tempo reale, aiutando gli studenti sordi a comunicare in modo più efficace con i docenti e con i compagni di classe.
- Soluzioni che analizzano le espressioni facciali e il linguaggio corporeo per identificare e segnalare possibili incomprensioni o frustrazioni, permettendo agli insegnanti di intervenire prontamente.

Integrazione Culturale: In un mondo sempre più globalizzato, le aule sono diventate melting pot culturali. L'AI può:

- Identificare e sottolineare potenziali pregiudizi culturali nei contenuti didattici, promuovendo un'istruzione più inclusiva e rispettosa.
- Creare scenari di apprendimento virtuali in cui gli studenti possono esplorare e comprendere diverse culture, promuovendo l'empatia e la comprensione interculturale.

Miglioramento dell'Accessibilità Fisica: Per gli studenti con disabilità fisiche, anche l'accesso all'istruzione può presentare sfide. Attraverso l'AI:

- Sistemi di navigazione assistita per aiutare gli studenti con mobilità ridotta a muoversi in campus o edifici scolastici.
- Interfacce uomo-macchina avanzate, come esoscheletri controllati da AI o dispositivi di controllo mentale, che possono aiutare gli studenti con disabilità gravi a interagire con il mondo e a partecipare attivamente alle lezioni.

Questi sono solo alcuni esempi di come l'AI stia rimodellando l'inclusione e l'accessibilità nell'educazione. La chiave per massimizzare questi benefici sta nella collaborazione tra educatori, sviluppatori di tecnologia e studenti, al fine di garantire che le soluzioni proposte siano veramente adatte alle esigenze di ogni apprendente.

Assistenza Vocale e Traduzione: L'AI sta avanzando rapidamente nel campo del riconoscimento vocale. Questo ha implicazioni profonde per gli studenti con difficoltà di lettura, dislessia o altre sfide legate all'alfabetizzazione.

- Gli assistenti vocali basati sull'AI possono leggere ad alta voce i testi, aiutando gli studenti con difficoltà di lettura a comprendere meglio il materiale. Questi assistenti possono anche adattarsi al ritmo preferito dello studente e utilizzare intonazioni che facilitano la comprensione.
- Per gli studenti non nativi che stanno imparando una nuova lingua, l'AI può tradurre istantaneamente parole o frasi sconosciute, facilitando l'immersione linguistica senza isolare l'apprendente da contenuti troppo avanzati.

Sistemi di Feedback Olistico: Oltre al progresso accademico, l'AI può contribuire a fornire feedback su vari aspetti dello sviluppo dello studente.

- Utilizzando la videografia e l'analisi delle espressioni facciali, l'AI può valutare la reazione emotiva degli studenti a diversi materiali didattici, aiutando gli educatori a capire quali metodi o contenuti sono più coinvolgenti o potenzialmente problematici.
- L'analisi delle interazioni sociali tra studenti, sostenuta da AI, può fornire intuizioni su dinamiche di gruppo, bullismo o esclusione, permettendo interventi tempestivi per garantire

un ambiente di apprendimento sicuro e inclusivo.

Adattamento Multisensoriale: Ogni studente ha un modo unico di apprendere, e l'AI può aiutare a personalizzare l'esperienza educativa anche dal punto di vista sensoriale.

- Per gli studenti visivi, sistemi basati sull'AI possono creare automaticamente riassunti grafici o mappe concettuali da testi lunghi o complessi.
- Per gli studenti uditivi, l'AI può trasformare note scritte in file audio, o addirittura creare podcast tematici basati sui materiali di studio.
- Per gli studenti cinestetici, esistono interfacce tattili e soluzioni di realtà virtuale supportate da AI che permettono di "sentire" o "interagire" con concetti astratti.

Barriere Geografiche e l'AI: La distanza non dovrebbe essere un ostacolo all'istruzione. Grazie all'AI, l'accesso all'istruzione può essere democratizzato.

- Piattaforme di apprendimento basate su AI che adattano dinamicamente i contenuti in base alle risorse e alla connettività disponibile, assicurando che gli studenti in aree remote o con risorse limitate non siano svantaggiati.

- La realtà virtuale assistita da AI può "trasportare" gli studenti in aule lontane o in ambienti di apprendimento immersivi, come musei o siti storici, superando le barriere geografiche.

L'Intelligenza Artificiale, con le sue innumerevoli applicazioni, sta offrendo opportunità senza precedenti per rendere l'istruzione più personalizzata, accessibile e inclusiva. Con un'attenta implementazione, questi strumenti possono essere utilizzati per garantire che ogni studente, indipendentemente dalle sue esigenze o sfide, abbia l'opportunità di apprendere al meglio delle sue capacità.

Conclusione su Inclusione e Accessibilità sostenute dall'AI nell'Educazione:

L'educazione, in tutte le sue forme, ha lo scopo di emancipare, illuminare e potenziare. In ogni contesto, dalla piccola aula di paese al grande campus universitario, l'obiettivo è sempre stato quello di fornire gli strumenti e le competenze necessarie per prosperare nella società. Tuttavia, lungo il percorso, molti studenti sono stati involontariamente esclusi o marginalizzati a causa di barriere fisiche, linguistiche, geografiche o socio-economiche. L'intelligenza artificiale rappresenta una nuova speranza e una promessa per superare queste sfide e democratizzare l'accesso all'istruzione.

Strumenti Adattivi: L'AI, nella sua essenza, è adattiva. Riconosce modelli, apprende dalle interazioni e ottimizza le soluzioni in base ai dati raccolti. Nell'educazione, ciò significa una personalizzazione profonda e una sintonizzazione fina delle risorse didattiche per soddisfare le esigenze individuali degli studenti. Se un apprendista ha difficoltà con un concetto, l'AI può adattare il materiale, presentarlo in un formato diverso, o fornire risorse supplementari.

Superare le Barriere Linguistiche: La traduzione in tempo reale e l'interpretariato, resi possibili dall'AI, stanno abbattendo le barriere linguistiche come mai prima d'ora. Gli studenti che parlano lingue diverse possono ora accedere ai contenuti nel loro idioma nativo o imparare nuove lingue con l'assistenza di tutor virtuali.

Accessibilità Universale: Gli studenti con esigenze speciali, siano esse visive, uditive o motorie, traggono enormi benefici dagli strumenti basati sull'AI. La trascrizione in tempo reale, la descrizione audio, e le interfacce tattili sono solo alcune delle innovazioni che rendono l'apprendimento accessibile a tutti.

Equità nell'Accesso: Mentre l'AI ha il potere di personalizzare, ha anche la capacità di democratizzare. Con piattaforme di apprendimento basate sull'IA, le risorse didattiche di alta qualità possono essere rese disponibili indipendentemente dalla geografia o dal contesto socio-economico.

Considerazioni Future: Mentre l'AI offre opportunità immense per l'inclusione e l'accessibilità, è fondamentale che venga implementata con cura. Le soluzioni devono essere testate in diversi contesti per assicurarsi che non introducano nuove forme di bias o esclusione. Inoltre, la formazione degli educatori su come utilizzare al meglio questi strumenti sarà essenziale per realizzare il loro pieno potenziale.

In conclusione, l'intelligenza artificiale sta trasformando il paesaggio dell'istruzione, rendendolo più inclusivo e accessibile. Con l'adozione responsabile e informata di queste tecnologie, possiamo avvicinarci a un mondo in cui ogni studente, indipendentemente dalle sue circostanze, ha l'opportunità di apprendere e prosperare.

11. L'AI come Strumento di Apprendimento Collaborativo

L'educazione, da sempre, non si limita all'apprendimento individuale; l'interazione e la collaborazione tra studenti sono aspetti fondamentali per lo sviluppo di competenze trasversali, come il lavoro di squadra, la comunicazione e la risoluzione dei problemi. L'intelligenza artificiale, attraverso la sua capacità di analizzare e processare enormi quantità di dati, può facilitare e potenziare l'apprendimento collaborativo, rendendolo più efficace e accessibile.

Piattaforme di Apprendimento Peer-to-Peer (P2P): Le piattaforme P2P basate sull'AI possono abbinare gli studenti in base ai loro punti di forza e alle loro aree di miglioramento. Ad esempio, uno studente che ha dimostrato una solida comprensione di un concetto potrebbe essere abbinato a un altro che ha bisogno di ulteriori chiarimenti, permettendo una sorta di tutoraggio tra pari. L'AI può monitorare le interazioni, fornendo suggerimenti e risorse supplementari in tempo reale per garantire che entrambi gli studenti traggano beneficio dall'interazione.

Collaborazione Virtuale: La pandemia da COVID-19 ha dimostrato l'importanza della capacità di collaborare virtualmente. Gli strumenti basati sull'AI possono migliorare la qualità delle sessioni di collaborazione virtuale attraverso la trascrizione automatica, la traduzione in tempo reale, e la generazione di riassunti post-sessione. Inoltre, le funzionalità di riconoscimento delle emozioni basate sull'AI possono monitorare il coinvolgimento e la soddisfazione dei partecipanti, suggerendo modifiche in tempo reale per ottimizzare la sessione.

Ambienti Virtuali e Realtà Aumentata: La combinazione di AI con tecnologie come la realtà virtuale (VR) o la realtà aumentata (AR) può creare ambienti di apprendimento immersivi in cui gli studenti possono collaborare. Ad esempio, gli studenti di medicina potrebbero esplorare virtualmente il corpo umano insieme, con l'AI che fornisce informazioni contestuali e risponde alle domande in tempo reale.

Monitoraggio e Feedback: Oltre a facilitare la collaborazione, l'AI può monitorare e analizzare le interazioni collaborative. Questo consente agli educatori di avere una visione chiara di come gli studenti lavorano insieme, quali gruppi funzionano bene e dove possono essere necessari interventi o supporto aggiuntivo.

Considerazioni per il Futuro: Mentre l'AI ha il potere di rivoluzionare l'apprendimento collaborativo, è essenziale che gli educatori siano formati su come utilizzare al meglio questi strumenti. La formazione dovrebbe focalizzarsi non solo sull'uso tecnico, ma anche sulla comprensione dei vantaggi e delle sfide etiche che emergono quando si combina la collaborazione umana con l'assistenza dell'AI.

In sintesi, l'intelligenza artificiale può servire come potente catalizzatore per l'apprendimento collaborativo, offrendo opportunità per interazioni più profonde, significative e personalizzate tra gli studenti. Con una formazione adeguata e una riflessione etica, l'AI può essere integrata in modo efficace nell'ambiente educativo, potenziando l'esperienza di apprendimento di ogni studente.

L'intelligenza artificiale sta trasformando l'educazione in modi che avrebbero potuto sembrare fantascienza solo pochi anni fa. Mentre abbiamo già discusso di come l'AI possa potenziare l'apprendimento collaborativo attraverso piattaforme peer-to-peer e la collaborazione virtuale, ci sono molti altri aspetti da considerare.

Intelligenza Artificiale e Apprendimento Sociale: Oltre a fornire strumenti per la collaborazione diretta, l'AI può anche aiutare gli studenti a sviluppare competenze sociali. Per esempio, programmi basati sull'AI possono simulare conversazioni e situazioni sociali, permettendo agli studenti di praticare le loro abilità comunicative in un ambiente sicuro e controllato.

Sistemi di Raccomandazione basati sull'AI: Assimilabili a quelli che vediamo su piattaforme come Netflix o Spotify, questi sistemi possono suggerire risorse didattiche o partner di studio basandosi sulle preferenze, sullo stile di apprendimento e sulle esigenze individuali di ogni studente. Questo potrebbe aiutare gli studenti a trovare compagni di studio che abbiano obiettivi o sfide simili, o che possano offrire competenze o prospettive complementari.

Facilitare la Collaborazione Globale: Con la capacità dell'AI di tradurre in tempo reale, gli studenti di tutto il mondo possono collaborare su progetti o discutere idee senza la barriera della lingua. Questo non solo amplia le opportunità di apprendimento collaborativo, ma incoraggia anche la comprensione interculturale e la consapevolezza globale.

Simulazioni e Modellazione: L'AI può essere utilizzata per creare simulazioni dettagliate di fenomeni complessi. Gli studenti possono collaborare all'interno di queste simulazioni, esplorando scenari "what-if" e conducendo esperimenti virtuali. Ciò può essere particolarmente utile in campi come la scienza o l'ingegneria, dove gli esperimenti reali potrebbero essere costosi o pericolosi.

Ambienti di Apprendimento Immersivi: Oltre alla realtà virtuale e aumentata, esistono ambienti di apprendimento basati sull'AI che si adattano dinamicamente alle azioni e alle decisioni degli studenti. Questi ambienti possono cambiare in tempo reale in base alle interazioni degli studenti, fornendo un feedback

immediato e consentendo a gruppi di studenti
di esplorare scenari o risolvere problemi
insieme.

Intelligenza Collettiva: Alcuni progetti di
ricerca stanno esplorando l'idea di utilizzare l'AI
per sfruttare l'intelligenza collettiva di grandi
gruppi di studenti. Ciò potrebbe includere la
raccolta e l'analisi di dati da discussioni di
classe, lavori di gruppo o progetti collaborativi,
e l'utilizzo di questi dati per generare nuove idee
o concetti.

Valutazione della Collaborazione: Valutare
l'efficacia della collaborazione può essere una
sfida. Gli strumenti basati sull'AI possono
monitorare le interazioni degli studenti,
analizzare la qualità della collaborazione e
fornire feedback sia agli studenti che agli
educatori. Questo può aiutare a identificare le
aree di forza e le aree che necessitano di
ulteriore sviluppo.

Mentre l'AI offre molte possibilità
entusiasmanti per l'apprendimento
collaborativo, è fondamentale avvicinarsi a
questi strumenti con un senso critico. Gli
educatori devono essere attenti a garantire che
la tecnologia sia utilizzata in modo etico e che

l'apprendimento rimanga centrato sull'umanità degli studenti.

L'Intelligenza Artificiale come Strumento di Mediazione: L'AI può svolgere un ruolo da mediatore nelle interazioni degli studenti. Ad esempio, se due studenti in una piattaforma di apprendimento collaborativo hanno opinioni contrastanti su un argomento, l'AI potrebbe suggerire risorse o studi pertinenti per aiutarli a comprendere meglio il punto di vista dell'altro. Questa funzione può promuovere un dialogo costruttivo e ridurre potenziali conflitti.

Collaborazione Interdisciplinare Potenziata dall'AI: L'AI può aiutare a collegare studenti da diversi campi di studio per progetti interdisciplinari. Ad esempio, uno studente di arte e design potrebbe essere accoppiato con uno studente di ingegneria per lavorare su un progetto che combina estetica e funzionalità. L'AI può identificare e suggerire tali associazioni basate sui profili degli studenti e sui loro obiettivi di apprendimento.

Mentoring Virtuale: Esistono sistemi basati sull'AI che possono fungere da mentori virtuali, guidando gli studenti attraverso percorsi di carriera o fornendo consigli su progetti o aree di studio. Mentre questi mentori virtuali non sostituiscono l'importanza di una guida umana, possono offrire supporto immediato e risorse supplementari, amplificando la portata della collaborazione.

L'AI e la Gamification: Molti strumenti di apprendimento collaborativo incorporano elementi di gioco per aumentare l'engagement degli studenti. L'AI può personalizzare queste esperienze, adattando le sfide e le attività in base al livello di competenza degli studenti e alle loro preferenze, promuovendo così una collaborazione più profonda e significativa.

Promozione di Comunità di Apprendimento Globali: Con l'AI, è possibile creare comunità di apprendimento virtuali dove gli studenti di tutto il mondo possono condividere risorse, idee e progetti. Questo può aiutare a superare le barriere geografiche e culturali, offrendo agli studenti l'opportunità di imparare da e collaborare con coetanei da diversi contesti.

Integrazione di Vari Stili di Apprendimento: Tutti gli studenti apprendono in modo diverso. Attraverso l'analisi dei dati, l'AI può identificare lo stile di apprendimento preferito di ogni studente e suggerire metodi o risorse collaborative che si adattino meglio a quel particolare stile.

Sostenibilità dell'Apprendimento Collaborativo: Mentre le piattaforme di apprendimento collaborativo sono in crescita, c'è la necessità di garantire che tali piattaforme siano sostenibili a lungo termine. L'AI può monitorare e analizzare l'uso degli studenti, aiutando gli sviluppatori e gli educatori a fare aggiustamenti per garantire che le risorse siano utilizzate in modo efficace e che le piattaforme rimangano rilevanti nel tempo.

Questi sono solo alcuni dei molteplici modi in cui l'intelligenza artificiale sta potenziando e trasformando l'apprendimento collaborativo. Come con tutte le tecnologie emergenti, è essenziale procedere con prudenza, assicurandosi che l'uso dell'AI nell'educazione promuova la crescita e l'apprendimento autentico degli studenti.

Apprendimento Basato su Progetti Potenziato dall'AI: L'AI può migliorare l'apprendimento basato su progetti facilitando la creazione di gruppi. Ad esempio, potrebbe analizzare le competenze, gli interessi e le aree di crescita di ciascuno studente per formare gruppi eterogenei dove ogni membro porta qualcosa di unico al tavolo. Questo potrebbe portare a progetti più completi e multidimensionali.

Suggerimento di Risorse in Tempo Reale: Durante le sessioni di apprendimento collaborativo, gli studenti potrebbero avere bisogno di informazioni o risorse specifiche. L'AI, attraverso un'analisi in tempo reale delle discussioni, potrebbe suggerire articoli, video, ricerche o altri materiali pertinenti senza che gli studenti debbano cercarli manualmente.

Facilitare la Comunicazione Interculturale: In un ambiente di apprendimento globale, gli studenti spesso interagiscono con coetanei da diverse culture. L'AI può aiutare traducendo le lingue in tempo reale, riconoscendo e segnalando possibili malintesi culturali e fornendo suggerimenti su come comunicare in modo efficace e rispettoso.

Valutazione dell'Interazione e del Contributo: In un ambiente collaborativo, è fondamentale garantire che ogni studente contribuisca in modo equo. Attraverso l'analisi dei dati, l'AI può monitorare la partecipazione e il contributo di ogni studente, fornendo feedback costruttivi su come migliorare l'interazione e la collaborazione.

Supporto alla Creazione di Contenuti: Gli studenti, durante le sessioni collaborative, spesso creano contenuti come presentazioni, documenti o video. L'AI può assistere suggerendo layout, migliorando la qualità del contenuto attraverso la correzione automatica, e offrendo strumenti come la creazione automatica di grafici o infografiche basate sui dati inseriti.

Simulazioni e Scenari Basati sull'AI: In contesti collaborativi, l'AI può generare scenari o simulazioni basati sui dati reali, permettendo agli studenti di lavorare su problemi realistici. Questo è particolarmente utile in discipline come la medicina, l'ingegneria o le scienze ambientali, dove gli studenti possono testare soluzioni in un ambiente controllato prima di applicarle nel mondo reale.

Feedback Continuo: L'apprendimento collaborativo spesso beneficia di un feedback continuo. Con l'AI, è possibile fornire agli studenti una valutazione immediata sulle loro idee, suggerendo modi per migliorare o approfondire ulteriormente un argomento.

Gestione del Tempo e dell'Efficienza: In un progetto di gruppo, la gestione del tempo è cruciale. L'AI può monitorare i progressi del gruppo, segnalare possibili ritardi e suggerire strategie per rimanere in pista, garantendo che gli obiettivi siano raggiunti in modo tempestivo.

Riconoscimento delle Dinamiche di Gruppo: Non tutti i gruppi lavorano allo stesso modo, e alcune dinamiche possono ostacolare la produttività. L'AI può riconoscere tali dinamiche, come un membro del gruppo che domina la conversazione o conflitti non risolti, e suggerire modi per affrontarli.

L'integrazione dell'AI nell'apprendimento collaborativo può quindi non solo migliorare l'efficacia della collaborazione ma anche la qualità dell'apprendimento stesso.

L'Intelligenza Artificiale sta trasformando il panorama dell'apprendimento collaborativo, introducendo strumenti e risorse che ampliano le capacità degli studenti e facilitano la comunicazione e l'interazione. L'uso dell'AI nelle piattaforme di apprendimento peer-to-peer, ad esempio, permette la creazione di ambienti di apprendimento su misura, dove gli algoritmi possono valutare le competenze e gli interessi di ciascuno studente per formare gruppi ottimali, favorire una collaborazione efficace e garantire che tutti gli studenti siano coinvolti e motivati.

Le tecnologie basate sull'AI come le traduzioni in tempo reale stanno rimuovendo le barriere linguistiche, consentendo agli studenti di tutto il mondo di collaborare senza ostacoli. Questo non solo facilita la comunicazione, ma promuove anche la comprensione interculturale, un'abilità fondamentale nell'era della globalizzazione.

Inoltre, l'AI offre supporto durante l'intero processo collaborativo, dalla fase di ideazione alla realizzazione. Suggerisce risorse, aiuta nella creazione di contenuti, fornisce feedback in tempo reale e monitora la dinamica del gruppo. Questi strumenti possono aiutare gli studenti a sviluppare competenze critiche come la gestione del tempo, la risoluzione dei conflitti e la comunicazione efficace.

Tuttavia, è essenziale che educatori e studenti siano consapevoli del ruolo dell'AI e lo utilizzino come uno strumento e non come un sostituto dell'interazione umana. L'obiettivo non dovrebbe essere semplicemente automatizzare l'apprendimento collaborativo, ma piuttosto potenziarlo e renderlo più efficace.

In sintesi, l'AI ha il potenziale di rivoluzionare l'apprendimento collaborativo, offrendo strumenti avanzati che possono rendere l'interazione più significativa, efficiente e inclusiva. Tuttavia, come con tutte le tecnologie, è fondamentale che sia utilizzata in modo etico e responsabile, con una chiara comprensione dei suoi vantaggi e limitazioni.

12. Gli Ambienti di Apprendimento del Futuro

L'avvento dell'intelligenza artificiale e della tecnologia avanzata sta modellando il futuro degli ambienti di apprendimento in modi che avremmo potuto solo immaginare un decennio fa. L'obiettivo principale è fornire esperienze di apprendimento personalizzate, interattive e coinvolgenti per gli studenti, indipendentemente dalla loro posizione geografica o dal loro background.

Aule Virtuali

Le aule virtuali, alimentate dalla realtà virtuale (VR) e dalla realtà aumentata (AR), stanno emergendo come ambienti di apprendimento del futuro. Questi spazi virtuali offrono opportunità uniche:

1. **Immersività**: Le aule virtuali possono trasportare gli studenti in qualsiasi luogo o periodo storico, offrendo un'esperienza di apprendimento profondamente immersiva. Ad esempio, uno studente che studia l'antico Egitto potrebbe "camminare" attorno alle piramidi o esplorare l'interno di una tomba.
2. **Interattività**: Gli studenti possono interagire con elementi virtuali, eseguire esperimenti in

laboratori virtuali o collaborare con compagni di classe in progetti di gruppo, tutto ciò in un ambiente 3D.

3. **Personalizzazione**: L'AI può adattare l'ambiente virtuale alle esigenze di apprendimento individuali dell'utente, offrendo risorse e sfide basate sulle sue capacità e interessi.

Realizzazione di Laboratori AI

Con l'avvento dei laboratori AI, gli studenti hanno l'opportunità di interagire direttamente con tecnologie all'avanguardia:

1. **Esperienza Pratica**: Invece di limitarsi a leggere o ascoltare lezioni sull'IA, gli studenti possono sperimentare direttamente la creazione e l'addestramento di modelli AI, acquisendo una comprensione pratica.
2. **Interdisciplinarietà**: Questi laboratori possono integrare conoscenze da diverse discipline – dalla matematica alla psicologia, dalla filosofia alla programmazione.
3. **Sfide del Mondo Reale**: I laboratori AI possono proporre problemi reali per gli studenti da risolvere, offrendo loro l'opportunità di vedere l'impatto diretto del loro lavoro e di applicare le competenze in contesti reali.

In conclusione, mentre l'IA e le tecnologie avanzate stanno dando forma agli ambienti di apprendimento del futuro, la priorità rimane garantire che queste innovazioni siano utilizzate per potenziare l'esperienza educativa e offrire a ogni studente le migliori opportunità per imparare e crescere.

Nell'elaborare gli ambienti di apprendimento del futuro, è fondamentale considerare come l'intelligenza artificiale potrebbe non solo migliorare l'efficienza e l'efficacia dell'istruzione, ma anche come potrebbe trasformare le dinamiche stesse dell'esperienza educativa.

Simulazioni e Modellazione: L'AI ha la capacità di simulare ambienti complessi. Questo potrebbe significare che gli studenti di medicina potrebbero "eseguire" operazioni chirurgiche in un ambiente simulato o gli studenti di ingegneria potrebbero testare la resistenza dei materiali in situazioni estreme. Questo tipo di apprendimento basato su simulazioni potrebbe fornire agli studenti esperienze molto più vicine alla pratica reale, rispetto alla teoria tradizionale.

Ambienti Ibridi: Mentre molte discussioni riguardano le aule completamente virtuali, la realtà del futuro dell'istruzione potrebbe essere molto più ibrida. Immagina aule fisiche dotate di elementi AR, in cui gli studenti potrebbero visualizzare modelli tridimensionali di ciò che stanno studiando, o dove potrebbero avere informazioni aggiuntive proiettate direttamente sui loro libri di testo.

Accesso Universale: Una delle promesse più significative dell'AI nell'educazione è la possibilità di democratizzare l'accesso all'istruzione. Le piattaforme di apprendimento potrebbero diventare completamente personalizzabili, adattandosi ai ritmi e agli stili di apprendimento di ogni studente, garantendo che nessuno venga lasciato indietro. Questo potrebbe essere particolarmente rilevante per gli studenti in aree geografiche remote o per coloro che hanno bisogno di risorse educative specializzate.

Intelligenza Collettiva: Un altro sviluppo interessante potrebbe essere l'utilizzo dell'AI per sfruttare l'intelligenza collettiva. Invece di appoggiarsi a un singolo docente o a una serie di libri di testo, gli ambienti di apprendimento potrebbero trarre lezione da una vasta rete di educatori, professionisti e studenti, creando un ecosistema di apprendimento collaborativo alimentato dall'AI.

Valutazioni Dinamiche: Nel futuro, le valutazioni potrebbero non essere più eventi statici, ma processi continui. L'AI potrebbe monitorare continuamente il progresso e la comprensione di uno studente, adattando le lezioni di conseguenza e fornendo feedback in tempo reale. Questo potrebbe ridurre la pressione degli esami tradizionali e creare un ambiente in cui l'errore è visto come una parte essenziale del processo di apprendimento.

Benessere degli Studenti: Mentre l'AI può essere una risorsa potente per l'istruzione, è essenziale garantire che gli studenti mantengano una connessione umana e sociale. L'AI potrebbe aiutare a monitorare il benessere degli studenti, identificando quelli che potrebbero sentirsi isolati o stressati in ambienti di apprendimento virtuali e fornendo risorse o interventi appropriati.

È evidente che mentre l'AI offre opportunità incredibili per l'evoluzione degli ambienti di apprendimento, ci sono anche molte sfide e considerazioni da tenere a mente. La chiave sarà trovare un equilibrio tra l'adozione di queste nuove tecnologie e il mantenimento dell'essenza dell'esperienza educativa umana.

L'avvento dell'AI negli ambienti di apprendimento ha segnato l'inizio di una rivoluzione silenziosa nella pedagogia e nel modo in cui gli studenti interagiscono con la conoscenza. Esaminando ulteriormente gli ambienti di apprendimento del futuro, possiamo prevedere molteplici sfaccettature e tendenze emergenti.

Interattività avanzata: In un'aula tradizionale, l'interazione avviene principalmente tra studente e insegnante, con una certa interazione tra pari. Con l'AI, questa dinamica potrebbe diventare molto più fluida. Potrebbero emergere sistemi dove l'AI fa domande stimolanti basate sull'attuale comprensione dello studente del materiale, sfidandolo continuamente a pensare in modo critico e a esplorare nuove prospettive.

Immersività: Oltre alle aule virtuali, l'immersione in ambienti di realtà virtuale o aumentata potrebbe diventare la norma. Gli studenti potrebbero esplorare antiche civiltà camminando virtualmente tra le rovine, o comprendere complesse reazioni chimiche osservandole da vicino in un ambiente 3D. La barriera tra l'apprendimento teorico e pratico potrebbe sfumare, con esperienze di apprendimento che diventano sempre più pratiche e basate sull'esperienza.

Flessibilità geografica: La necessità di essere fisicamente presente in un particolare luogo per l'apprendimento potrebbe diminuire. Questo non solo apre le porte all'accesso universale all'istruzione, ma permette anche agli studenti di "visitare" luoghi di tutto il mondo attraverso esperienze virtuali, imparando in contesti globali.

Formazione continua: L'idea tradizionale di istruzione come fase della vita potrebbe evolversi verso un modello di apprendimento continuo. Con l'AI che fornisce risorse e opportunità di formazione su misura, gli individui potrebbero continuare a imparare e adattarsi alle nuove sfide e opportunità durante tutta la loro vita, al di là dell'istruzione formale.

Sicurezza e integrazione: Mentre l'AI offre grandi opportunità, l'integrazione sicura e responsabile di queste tecnologie è fondamentale. Si dovrà garantire che gli studenti non siano esposti a rischi, sia fisici che digitali, mentre interagiscono in questi nuovi ambienti. La protezione dei dati personali e la prevenzione di qualsiasi forma di manipolazione o pregiudizio saranno di primaria importanza.

Personalizzazione dell'apprendimento: Mentre attualmente gli educatori si sforzano di fornire un'istruzione differenziata, l'AI ha il potenziale per portare questa personalizzazione a un livello completamente nuovo. Ogni studente potrebbe avere un "piano di apprendimento" su misura, adattato alle sue specifiche esigenze, interessi e capacità.

Etica e Valori: Introdurre l'AI nell'educazione comporta anche la responsabilità di educare gli studenti sull'etica della tecnologia. Essi dovranno essere equipaggiati non solo con le competenze per utilizzare l'AI, ma anche con la capacità di riflettere criticamente sul suo ruolo nella società e sulle implicazioni morali e etiche delle decisioni basate sull'AI.

In definitiva, mentre esploriamo le infinite possibilità offerte dall'AI nell'ambito dell'educazione, è fondamentale mantenere al centro dell'attenzione l'obiettivo principale dell'istruzione: sviluppare individui ben arrotondati, capaci di pensiero critico e pronti a contribuire in modo significativo alla società. Con la giusta guida e considerazione, gli ambienti di apprendimento del futuro potrebbero ben rappresentare una nuova era d'oro dell'istruzione.

L'evoluzione degli ambienti di apprendimento in seguito all'adozione dell'Intelligenza Artificiale è indicativa del modo in cui la tecnologia sta modellando il nostro futuro educativo. Gli ambienti di apprendimento del futuro promettono di essere radicalmente diversi da quelli che abbiamo conosciuto fino ad ora, caratterizzati da una maggiore interattività, immersività e personalizzazione.

Interattività avanzata: L'AI, come abbiamo discusso, potenzia l'interazione in un'aula. L'uso di sistemi che pongono domande basate sul progresso dello studente, combinato con chatbot e assistenti virtuali, può trasformare un ambiente di apprendimento tradizionale in un ecosistema dinamico in cui ogni studente si sente attivamente coinvolto e stimolato.

Immersività: Le esperienze di realtà virtuale o aumentata, che un tempo sembravano cose da fantascienza, stanno diventando strumenti pedagogici di primaria importanza. Queste tecnologie permettono di superare le barriere fisiche dell'aula tradizionale, offrendo agli studenti esperienze di apprendimento realistiche e coinvolgenti.

Flessibilità geografica: La democratizzazione dell'istruzione è una delle principali promesse dell'AI. Aule virtuali e piattaforme di apprendimento online potrebbero rendere l'istruzione accessibile a chiunque, ovunque si trovi, eliminando le barriere geografiche.

Formazione continua: L'apprendimento non si ferma mai, e con l'AI, la formazione continua diventa non solo possibile, ma anche efficace e incentrata sull'individuo. L'AI può aiutare a identificare lacune nel sapere di una persona e offrire materiali e risorse adatti per colmare queste lacune.

Sicurezza e integrazione: Con nuove tecnologie emergono nuove sfide. La sicurezza degli studenti in ambienti virtuali, la protezione dei loro dati e la garanzia che non siano esposti a contenuti inappropriati o pregiudizievoli sono aspetti che devono essere attentamente considerati e gestiti.

Personalizzazione dell'apprendimento: Uno degli aspetti più rivoluzionari dell'AI nell'educazione è la sua capacità di offrire un apprendimento personalizzato. Ogni studente è unico, e l'AI può aiutare a riconoscere e rispondere a queste unicità, garantendo che ogni individuo riceva l'istruzione di cui ha bisogno e desidera.

Etica e Valori: Mentre l'AI offre strumenti straordinari, è fondamentale educare le future generazioni sull'uso responsabile e etico di tali strumenti. Questo assicurerà che, mentre progrediamo tecnologicamente, rimaniamo ancorati ai principi morali e etici che guidano la nostra società.

Concludendo, gli ambienti di apprendimento del futuro, potenziati dall'AI, rappresentano un nuovo orizzonte per l'istruzione. Tuttavia, come con tutte le tecnologie emergenti, è essenziale procedere con prudenza e considerazione, garantendo che le nuove metodologie siano integrate in modo che arricchiscano l'esperienza educativa piuttosto che distoglierne l'attenzione. L'obiettivo finale dovrebbe sempre essere fornire un'istruzione di qualità che prepari gli studenti a essere cittadini informati, etici e capaci nel mondo moderno.

13. Integrazione della Cultura AI nelle Scuole

L'integrazione della cultura dell'Intelligenza Artificiale (AI) nelle scuole è una necessità emergente, data l'importanza crescente dell'AI in quasi ogni settore della società contemporanea. Questo passo può preparare adeguatamente gli studenti per le sfide e le opportunità del 21° secolo. Esaminiamo i vari aspetti di questo processo di integrazione:

Curriculum e programmi di studio: Integrare l'AI nel curriculum scolastico significa non solo insegnare ai giovani come funzionano gli algoritmi e la programmazione, ma anche aiutarli a comprendere le implicazioni etiche, sociali ed economiche dell'AI. L'inclusione dell'AI può iniziare con concetti di base nelle classi elementari, progredendo verso argomenti più complessi nelle scuole superiori.

- **Scuole elementari**: Introduzione ai concetti base dell'AI attraverso storie, giochi e attività semplici.
- **Scuole medie**: Esplorazione delle basi della programmazione e introduzione a concetti come il machine learning attraverso progetti pratici.
- **Scuole superiori**: Studio approfondito degli algoritmi, delle tecniche di deep learning e delle questioni etiche e sociali legate all'AI.

Progetti e attività pratiche: Oltre al curriculum teorico, è fondamentale offrire agli studenti opportunità pratiche per sperimentare e interagire con la tecnologia AI.

- **Kit Robotici**: Questi kit permettono agli studenti di costruire e programmare robot, fornendo una comprensione pratica di come l'AI può interagire con il mondo fisico.
- **Laboratori di codifica**: Offrire laboratori dove gli studenti possono sperimentare con linguaggi di programmazione specifici per l'AI, come Python, e utilizzare librerie come TensorFlow o PyTorch.

- **Simulazioni e giochi**: Utilizzo di applicazioni e piattaforme che simulano sistemi AI per permettere agli studenti di comprendere in modo pratico come funzionano questi sistemi.
- **Discussioni guidate**: Creare spazi per dibattiti e discussioni in cui gli studenti possono esplorare le implicazioni etiche dell'AI, dal riconoscimento facciale alla discriminazione algoritmica.

Formazione degli insegnanti: Per garantire che l'AI venga insegnata in modo efficace, gli insegnanti stessi devono essere adeguatamente formati. Ciò include non solo la formazione tecnica ma anche la comprensione delle sfide etiche e sociali associate all'AI.

Collaborazioni con l'industria: Creare partnership con aziende e organizzazioni del settore può aiutare a mantenere il curriculum aggiornato e fornire agli studenti opportunità di apprendimento pratico attraverso stage, workshop e visite aziendali.

Valutazione e aggiornamento continuo: Dato che l'AI è un campo in rapida evoluzione, è essenziale che le scuole valutino e aggiornino regolarmente i loro curricula e le loro risorse per rimanere al passo con le ultime scoperte e innovazioni.

In sintesi, l'integrazione della cultura AI nelle scuole non riguarda solo la preparazione degli studenti alle professioni future, ma anche l'equipaggiamento con le competenze cognitive e etiche necessarie per navigare in un mondo sempre più influenzato dall'AI. Questo richiede una combinazione di formazione teorica, esperienze pratiche e una profonda riflessione sulle implicazioni più ampie dell'AI nella società.

Il processo di integrare la cultura dell'Intelligenza Artificiale nelle scuole può essere visto anche sotto altre prospettive, ampliando ulteriormente la portata di questo argomento:

L'importanza della consapevolezza interdisciplinare: L'AI non si limita solo al dominio delle scienze informatiche. Ha applicazioni in biologia, medicina, arte, letteratura e persino in filosofia. Per esempio, l'AI può essere utilizzata per analizzare grandi insiemi di dati in biologia, per creare opere d'arte digitali o per esplorare questioni filosofiche sulla natura della coscienza e dell'intelligenza.

Accessibilità e inclusività: Quando si parla di integrazione dell'AI, è fondamentale assicurarsi che tutti gli studenti, indipendentemente dalle loro capacità o background, abbiano accesso a queste risorse educative. Questo potrebbe significare l'adattamento di materiali per studenti con disabilità, o l'offerta di risorse in diverse lingue per studenti non nativi.

L'importanza dell'etica: Mentre gli studenti imparano come funzionano le tecniche di AI, è altrettanto importante che comprendano le responsabilità etiche che accompagnano l'uso di tali tecnologie. Questo potrebbe includere discussioni su temi come i pregiudizi nei dati e negli algoritmi, le decisioni automatizzate e l'impatto sociale dell'automazione.

Coinvolgimento dei genitori e della comunità: La comprensione e l'accettazione dell'AI non dovrebbe fermarsi alle aule. Coinvolgere i genitori attraverso serate informative o workshop può aiutare a costruire una comunità più informata e preparata per il futuro. Allo stesso modo, le scuole potrebbero collaborare con le aziende locali o le università per organizzare dimostrazioni o visite sul campo.

Riflessione sul futuro del lavoro: Con l'avvento dell'AI, il panorama del lavoro sta cambiando. Mentre alcuni lavori potrebbero diventare obsoleti a causa dell'automazione, nuovi ruoli emergeranno. Preparare gli studenti a questa realtà richiederà una profonda riflessione su come l'istruzione può evolversi per fornire le competenze necessarie per questi nuovi ruoli.

Strumenti e piattaforme: Man mano che l'AI diventa più pervasiva, emergono nuovi strumenti e piattaforme progettati specificamente per l'istruzione. Questi possono variare da software che aiutano gli studenti a costruire i loro propri modelli di apprendimento automatico, a piattaforme online che offrono corsi e risorse sull'AI.

Feedback e adattamento: Come con qualsiasi nuovo approccio educativo, è essenziale che le scuole raccolgano regolarmente feedback dagli studenti, dai genitori e dagli insegnanti. Questi feedback possono aiutare a identificare aree di miglioramento e garantire che l'integrazione dell'AI rimanga rilevante e efficace.

Il percorso per integrare l'AI nelle scuole è complesso e sfaccettato, richiedendo un'attenta considerazione di molti fattori diversi. Tuttavia, con una pianificazione e un'implementazione accurate, le scuole possono garantire che i loro studenti siano ben preparati per il futuro.

L'integrazione della cultura AI nelle scuole rappresenta un crocevia tra tradizione e innovazione, offrendo nuove possibilità e sfide:

Il ruolo dei docenti nell'adattamento dell'AI: Sebbene l'AI possa automatizzare molte funzioni, il ruolo dell'insegnante rimane cruciale nell'istruzione. Gli insegnanti non solo devono compiere sforzi per comprendere e integrare la tecnologia nelle loro aule, ma devono anche diventare mediatori tra gli studenti e questa tecnologia, guidando le discussioni, rispondendo alle preoccupazioni e garantendo che l'uso dell'AI sia pedagogicamente suono.

Connettività e infrastruttura: Introdurre l'AI richiede risorse. Le scuole avranno bisogno di una connessione Internet stabile e veloce, oltre a dispositivi adeguati per gli studenti e il software necessario. La mancanza di queste risorse potrebbe creare disparità nell'istruzione, con alcune scuole capaci di offrire opportunità avanzate mentre altre rimangono indietro.

Collaborazione interdisciplinare: L'AI, pur essendo radicata nella tecnologia, ha applicazioni che vanno oltre la pura informatica. Introdurre l'AI in materie come storia, lingua, geografia e arte può arricchire l'apprendimento, mostrando come la tecnologia influenzi e sia influenzata da vari aspetti della società e della cultura.

Formazione continua: Mentre gli studenti potrebbero adattarsi rapidamente all'uso dell'AI, il personale scolastico potrebbe aver bisogno di formazione continua per rimanere aggiornato. Questa formazione dovrebbe riguardare non solo gli aspetti tecnici, ma anche le metodologie pedagogiche associate all'uso dell'AI in classe.

Collaborazione esterna: Al di là delle mura scolastiche, esistono molte organizzazioni, sia nel settore pubblico che in quello privato, che possono supportare l'integrazione dell'AI. Le collaborazioni con università, aziende tecnologiche o organizzazioni non governative potrebbero offrire alle scuole risorse, formazione o persino opportunità per gli studenti.

Responsabilità e valutazione: Mentre l'AI può fornire strumenti per monitorare e valutare le prestazioni degli studenti in tempo reale, è essenziale che questi strumenti siano utilizzati in modo responsabile. Ci dovrebbe essere trasparenza su come funzionano, e le decisioni basate su queste valutazioni dovrebbero sempre tener conto del contesto umano.

Applicazioni extracurriculari: L'AI non deve essere limitata alla sola classe. Club, competizioni, fiere della scienza e altri eventi extracurriculari possono offrire agli studenti opportunità pratiche per esplorare l'AI in modi che vanno oltre il curriculum standard.

Sensibilizzazione e coinvolgimento dei genitori: I genitori svolgono un ruolo fondamentale nell'istruzione dei loro figli.

Informare i genitori su come e perché l'AI viene utilizzata in classe, e offrire loro risorse per sostenere l'apprendimento a casa, può rafforzare l'integrazione dell'AI.

Questo è solo l'inizio dell'avventura dell'AI nel mondo educativo. Con una pianificazione accurata e una riflessione critica, l'integrazione dell'AI nelle scuole può offrire opportunità straordinarie per arricchire l'istruzione e preparare gli studenti al futuro.

L'integrazione della cultura AI nelle scuole rappresenta una delle evoluzioni pedagogiche più significative del 21° secolo. Questa integrazione non è semplicemente l'adozione di una nuova tecnologia, ma piuttosto una riconsiderazione di come le tecnologie emergenti possano rafforzare, ampliare e persino trasformare le modalità tradizionali di insegnamento e apprendimento.

Curriculum e programmi di studio: L'incorporazione dell'AI in questi ambiti implica un profondo riesame dei contenuti tradizionali. Per esempio, mentre una volta poteva essere sufficiente insegnare agli studenti le competenze informatiche di base, ora è fondamentale fornire loro una comprensione della logica e dell'etica che sta dietro agli algoritmi, nonché delle capacità pratiche per navigare in un mondo sempre più digitalizzato. Ciò potrebbe comportare l'aggiornamento di programmi esistenti, l'introduzione di nuovi corsi e la promozione di una mentalità interdisciplinare che collega l'AI a vari campi di studio.

Progetti e attività pratiche:
L'apprendimento basato su progetti, dove gli studenti sono chiamati a risolvere problemi reali attraverso la ricerca e la collaborazione, si arricchisce notevolmente con l'AI. Questa potrebbe includere la creazione di chatbot, l'uso di analisi di dati per prendere decisioni informate o l'esplorazione di problemi etici legati all'uso della tecnologia. Questi progetti non solo offrono esperienze di apprendimento autentiche, ma preparano anche gli studenti a una forza lavoro in cui l'AI sarà onnipresente.

L'implementazione dell'AI nel contesto scolastico, tuttavia, non è esente da sfide. Richiede investimenti significativi in termini di infrastruttura, formazione per gli insegnanti e sviluppo di materiali didattici. Inoltre, la rapidità con cui l'AI sta evolvendo significa che le scuole devono essere flessibili e pronte ad adattarsi alle nuove innovazioni e scoperte.

Dal punto di vista etico, l'introduzione dell'AI in classe richiede una riflessione attenta. Le scuole devono considerare questioni di privacy, equità e inclusione, assicurandosi che l'AI non rafforzi le disuguaglianze esistenti ma piuttosto le attenui. Devono anche essere preparate a confrontarsi con possibili resistenze da parte di genitori, docenti o altre parti interessate che potrebbero avere preoccupazioni o malintesi sull'AI.

In conclusione, l'integrazione della cultura AI nelle scuole è una sfida complessa ma necessaria. Se affrontato con cura, visione e un impegno per l'apprendimento centrato sullo studente, può portare a un'istruzione più ricca, pertinente e attinente al mondo in cui viviamo. Mentre le scuole si avventurano in questa nuova frontiera, devono farlo con una mentalità aperta, collaborativa e sempre critica.

14. L'AI nella Formazione degli Adulti e nell'Apprendimento Continuo

Corsi online: L'avvento dell'apprendimento online ha cambiato il volto dell'educazione per adulti, rendendo l'apprendimento accessibile, flessibile e adattabile alle esigenze individuali. L'AI, come tecnologia di supporto, ha potenziato ulteriormente questa trasformazione. Ad esempio, piattaforme di apprendimento online come Coursera, edX e Khan Academy hanno integrato l'AI per fornire percorsi di apprendimento personalizzati. Questo significa che gli algoritmi possono analizzare le performance e le preferenze degli studenti per suggerire risorse, tempi di studio o corsi aggiuntivi. L'AI può anche aiutare a identificare le aree in cui gli studenti potrebbero avere difficoltà, permettendo un intervento tempestivo e mirato. Inoltre, l'introduzione di assistenti virtuali e tutor basati su AI può fornire supporto immediato agli studenti, rispondendo alle domande frequenti o indirizzando le preoccupazioni in tempo reale.

Certificazioni e riconoscimenti: Con l'aumento della popolarità dei MOOCs (Massive Open Online Courses) e di altri corsi online, è nata la necessità di validare e riconoscere l'apprendimento ottenuto. Qui, l'AI gioca un ruolo cruciale. Per esempio, alcuni corsi utilizzano la tecnologia di riconoscimento facciale per verificare l'identità degli studenti durante gli esami online, garantendo l'integrità dell'esame. L'AI può anche assistere nella valutazione, consentendo una correzione rapida e precisa di grandi volumi di compiti o test, e fornendo feedback costruttivo basato sull'analisi dei dati degli studenti. Inoltre, l'AI può aiutare a tracciare e catalogare le competenze acquisite, suggerendo eventuali percorsi di certificazione o formazione ulteriori che potrebbero essere benefici per l'individuo.

Oltre ai corsi e alle certificazioni, l'AI può influenzare l'apprendimento continuo degli adulti in altri modi. Ad esempio, gli assistenti virtuali basati su AI possono aiutare gli adulti a gestire le loro agende di studio, ricordando loro le scadenze o suggerendo momenti ottimali per studiare basati sui ritmi circadiani dell'individuo. L'AI può anche aiutare a creare reti di apprendimento, collegando studenti con interessi o obiettivi simili, o suggerendo gruppi di studio o tutor che possono assistere in aree particolarmente difficili.

Tuttavia, come in tutte le applicazioni dell'AI, ci sono sfide da considerare. La privacy e la sicurezza dei dati sono preoccupazioni primarie, specialmente quando si tratta di identificare e valutare gli studenti online. Inoltre, c'è il rischio che l'apprendimento basato sull'AI possa diventare troppo "mecanico", perdendo l'interazione umana e il contesto che spesso arricchisce l'esperienza educativa.

In sintesi, l'AI sta avendo un impatto profondo sulla formazione degli adulti e sull'apprendimento continuo, offrendo opportunità e soluzioni innovative. Se utilizzata saggiamente, può potenziare l'esperienza di apprendimento, rendendola più personalizzata, efficiente e pertinente. Tuttavia, come educatori e apprendisti, dobbiamo essere consapevoli delle sue limitazioni e agire con una mentalità critica e riflessiva.

L'integrazione dell'AI nella formazione degli adulti e nell'apprendimento continuo ha dato vita a una serie di nuove opportunità e sfide. Oltre ai corsi online e alle certificazioni, ci sono molte altre dimensioni da considerare:

Personalizzazione dell'apprendimento: L'AI può analizzare i dati di apprendimento degli studenti per creare un percorso educativo su misura per ogni individuo. Ad esempio, se un algoritmo identifica che uno studente ha difficoltà in un'area specifica, può automaticamente suggerire materiali o risorse supplementari per rinforzare quella particolare competenza.

Realtà Virtuale (RV) e Realtà Aumentata (RA): Queste tecnologie, in combinazione con l'AI, possono offrire esperienze di apprendimento immersive. Gli adulti possono esplorare ambienti virtuali, come un laboratorio o un sito storico, e l'AI può guidare l'esperienza fornendo informazioni contestuali, quiz interattivi o simulazioni.

Mentor virtuali: Oltre ai tutor online, l'AI può creare mentor virtuali che guidano gli studenti attraverso il loro percorso di apprendimento. Questi mentor possono rispondere alle domande, suggerire risorse e motivare gli studenti attraverso l'apprendimento.

Analisi delle competenze trasversali: L'AI può essere utilizzato per analizzare non solo le competenze tecniche o accademiche degli studenti, ma anche le competenze trasversali come il lavoro di squadra, la comunicazione e la capacità di risolvere problemi. Questo può aiutare gli adulti a identificare e colmare le lacune nelle loro abilità.

Rete di apprendimento: Piattaforme basate su AI possono suggerire collegamenti con professionisti o esperti nel campo di interesse dello studente, permettendo una rete di apprendimento e di condivisione delle conoscenze.

Formazione basata sulla realtà lavorativa: Mentre l'IA continua a evolversi, anche le esigenze del mondo del lavoro cambiano. L'apprendimento continuo è cruciale per mantenere le competenze aggiornate. Le piattaforme AI possono simularsi a scenari reali di lavoro, permettendo agli studenti di applicare ciò che hanno imparato in contesti pratici.

Feedback continuo: L'IA può fornire feedback in tempo reale sugli esercizi, sui compiti o sui test, permettendo agli studenti di capire immediatamente dove potrebbero migliorare.

Adattamento culturale: L'AI può adattare il materiale di apprendimento alle diverse culture, rendendo l'educazione più inclusiva e rilevante a livello globale.

Barriere all'ingresso ridotte: L'AI può rendere l'educazione più accessibile. Ad esempio, gli algoritmi di traduzione possono tradurre i corsi in diverse lingue, e i sistemi di riconoscimento vocale possono assistere gli studenti con disabilità.

Tuttavia, la crescente dipendenza dall'AI nella formazione degli adulti presenta anche sfide. Ad esempio, l'eccessiva personalizzazione può isolare gli studenti in "bolle" di apprendimento, privandoli di visioni diverse o di confronti con persone con diversi punti di vista. Inoltre, c'è sempre il rischio che le decisioni basate sull'AI possano essere influenzate da bias nascosti nei dati.

In definitiva, l'AI offre enormi potenzialità nella formazione degli adulti, ma come con ogni tecnologia, è fondamentale usarla in modo riflessivo e critico.

L'IA nella formazione degli adulti e nell'apprendimento continuo ha trasformato il modo in cui gli individui accedono, interagiscono e assimilano informazioni. Oltre ai vantaggi precedentemente elencati, emergono continuamente nuovi sviluppi e aspetti interessanti in questo campo:

Accessibilità universale: Una delle promesse più grandi dell'AI è quella di democratizzare l'istruzione. Con l'avvento dei MOOC (Massive Open Online Courses) e altre piattaforme online, gli adulti da ogni angolo del mondo possono ora accedere a corsi delle migliori università e istituti. L'AI può personalizzare ulteriormente queste esperienze, identificando e fornendo risorse aggiuntive a studenti che potrebbero non avere accesso a metodi di apprendimento tradizionali.

Simulazioni sofisticate: Oltre alla RV e RA, l'IA può alimentare simulazioni che ricreano situazioni reali, ad esempio per formazione in campo medico, ingegneristico o artistico. Queste simulazioni possono aiutare gli studenti a sperimentare e imparare in un ambiente privo di rischi.

Apprendimento basato sul contesto: Sfruttando i dati dell'utente, l'AI può offrire contenuti di apprendimento basati sul contesto in cui si trova l'apprendente. Se qualcuno sta viaggiando in un paese straniero, ad esempio, un'app di apprendimento delle lingue potrebbe

concentrarsi sul vocabolario e sulle frasi più
pertinenti a quella destinazione.

**Apprendimento basato sulla
progettazione**: Con l'aiuto dell'IA, gli studenti
adulti possono essere coinvolti in progetti reali
che rispondono a problemi reali. Ad esempio, in
un corso di design, l'IA potrebbe analizzare e
fornire feedback su prototipi studenteschi,
aiutando gli studenti a migliorare le loro
creazioni in tempo reale.

Modelli di apprendimento flessibili:
Grazie all'AI, gli studenti possono scegliere tra
una varietà di modelli di apprendimento, dallo
studio individuale alla collaborazione di gruppo,
dal lavoro sincrono a quello asincrono, dando
loro la libertà di decidere come, quando e dove
imparare.

**Riconoscimento delle competenze
informali**: L'AI può riconoscere e valorizzare
competenze e conoscenze acquisite al di fuori
dei contesti formativi tradizionali, ad esempio
attraverso esperienze lavorative, hobby o altre
attività personali. Questo è fondamentale per gli
adulti che spesso acquisiscono competenze fuori
dai corsi formali.

Interfacce intuitive: L'IA può alimentare interfacce utente che rispondono e si adattano alle esigenze dell'apprendente. Se, ad esempio, uno studente ha difficoltà a comprendere un concetto, l'interfaccia potrebbe cambiare il modo in cui presenta le informazioni, offrendo spiegazioni alternative o esempi più chiari.

Reti di apprendimento e mentoring: L'IA può anche aiutare a collegare studenti con mentori o esperti nel loro campo di interesse, costruendo reti di apprendimento globali. Invece di limitarsi ai confini di una classe o di un istituto, gli studenti possono interagire con una comunità globale di apprendenti.

Queste tendenze mostrano che l'AI sta diventando un alleato fondamentale nella formazione degli adulti, permettendo una maggiore personalizzazione, flessibilità e accesso a risorse e opportunità di apprendimento. L'importanza di una formazione continua, in un mondo in rapida evoluzione, non può essere sottolineata abbastanza, e l'IA ha un ruolo cruciale nel garantire che tale formazione sia efficace, pertinente e accessibile.

L'AI ha iniziato a rivoluzionare profondamente l'educazione degli adulti e l'apprendimento continuo. La formazione degli adulti, diversamente dalla formazione tradizionale rivolta ai giovani, presenta sfide uniche, come la necessità di bilanciare l'apprendimento con altre responsabilità, come lavoro, famiglia e impegni personali. Inoltre, gli adulti spesso cercano opportunità di apprendimento che siano direttamente applicabili e rilevanti per le loro attuali carriere o aspirazioni personali.

La personalizzazione è al centro dell'efficacia dell'IA nell'apprendimento degli adulti. Attraverso l'analisi dei dati e l'apprendimento automatico, l'IA può fornire un'istruzione adattata alle esigenze, ai ritmi e agli stili di apprendimento specifici di ciascun individuo. Questo non solo ottimizza l'esperienza di apprendimento, ma può anche aumentare la motivazione e l'impegno, due fattori cruciali per la formazione degli adulti.

Inoltre, con l'espansione delle piattaforme online e degli strumenti basati sull'IA, l'accessibilità all'istruzione è diventata più equa. Gli adulti possono ora accedere a corsi, certificazioni e risorse da istituzioni prestigiose da qualsiasi parte del mondo, superando le barriere geografiche e finanziarie che una volta limitavano le opportunità educative.

Tuttavia, mentre l'AI offre enormi vantaggi, è essenziale affrontare alcune sfide. Ad esempio, la dipendenza eccessiva dalla tecnologia potrebbe isolare gli studenti anziché incoraggiare l'interazione sociale e la collaborazione. Inoltre, i problemi legati alla privacy e alla sicurezza dei dati possono sorgere con l'uso diffuso di piattaforme basate sull'IA.

In conclusione, mentre l'AI nella formazione degli adulti e nell'apprendimento continuo promette un futuro luminoso e personalizzato, è fondamentale che educatori, sviluppatori e decisori politici lavorino insieme per garantire che queste tecnologie siano utilizzate in modo etico e responsabile. La vera potenza dell'AI in questo contesto risiede nella sua capacità di migliorare e amplificare l'esperienza umana dell'apprendimento, rendendola più ricca, accessibile e significativa per tutti.

15. Visione Futuristica: L'Educazione nel 2050

Se proiettiamo il ritmo attuale dell'innovazione tecnologica e i progressi nell'istruzione al 2050, possiamo immaginare un paesaggio educativo radicalmente diverso da quello che conosciamo oggi.

Proiezioni e scenari:

1. **Ambienti di Apprendimento Immersivi**: Le classi fisiche potrebbero cedere il passo a esperienze di apprendimento immersivo utilizzando realtà virtuale e aumentata. Gli studenti potrebbero "visitare" antiche civiltà o esplorare galassie lontane dal comfort delle loro case.
2. **Personalizzazione Estrema**: Ogni studente avrebbe un "compagno di apprendimento AI" personalizzato, che monitora e si adatta continuamente ai loro stili e ritmi di apprendimento, garantendo un percorso educativo su misura.
3. **Accessibilità Universale**: L'educazione potrebbe diventare totalmente democratizzata, con chiunque, indipendentemente dalla posizione geografica o dallo status economico,

in grado di accedere a risorse educative di alta
qualità.

4. **Valutazione Continua**: Invece di test e esami
   tradizionali, l'apprendimento degli studenti
   potrebbe essere valutato in tempo reale
   attraverso analisi comportamentali e
   comprensione cognitiva, fornendo feedback
   immediato e correzioni.
5. **Apprendimento Lifelong**: L'idea di
   "istruzione formale" seguita da una carriera
   potrebbe diventare obsoleta. L'apprendimento
   continuo, alimentato dalla necessità di adattarsi
   a un mondo in rapida evoluzione, diventerebbe
   la norma.

Opportunità e sfide:

1. **Opportunità di Collaborazione Globale**:
   Con la riduzione delle barriere geografiche
   grazie alla tecnologia, gli studenti avrebbero
   l'opportunità di collaborare con coetanei da
   tutto il mondo, imparando da diverse culture e
   prospettive.
2. **Sfida della Disconnessione Umana**:
   Mentre la tecnologia rende l'istruzione più
   accessibile, c'è il rischio di perdere il tocco
   umano. Trovare un equilibrio tra
   apprendimento tecnologico e interazioni umane
   diventerebbe cruciale.

3. **Opportunità di Specializzazione**: Gli studenti potrebbero iniziare a specializzarsi in campi specifici molto prima, data la vasta gamma di risorse e di percorsi di apprendimento disponibili.

4. **Sfida dell'Obsolescenza**: Con l'evoluzione rapida della conoscenza e della tecnologia, mantenere i contenuti educativi rilevanti e aggiornati sarebbe una sfida costante.

5. **Opportunità di Apprendimento Pratico**: L'educazione potrebbe spostarsi da un modello teorico a uno più pratico, con studenti impegnati in progetti reali e risoluzione di problemi del mondo reale attraverso piattaforme di simulazione.

6. **Sfida Etica e di Privacy**: Con l'IA e altre tecnologie che giocano un ruolo dominante, questioni legate alla privacy dei dati, all'etica dell'IA e alle preoccupazioni sulla dipendenza tecnologica sarebbero al centro delle discussioni.

In sintesi, il 2050 potrebbe presentare un'era dell'educazione in cui la tecnologia e l'umanità si intrecciano in modi che oggi possiamo solo immaginare. Tuttavia, con tutte le opportunità che emergono, sarà fondamentale affrontare proattivamente le sfide per creare un ecosistema educativo che sia equo, inclusivo e veramente rivoluzionario.

L'educazione nel 2050 non sarà solo un prodotto della tecnologia avanzata, ma sarà anche influenzata da cambiamenti socioculturali, economici e ambientali. La combinazione di questi fattori può portare a scenari sorprendentemente diversificati per il futuro dell'istruzione.

Coinvolgimento della Comunità in Modo Profondo: Mentre le tecnologie come l'IA e la realtà virtuale possono dominare l'ambiente di apprendimento, l'importanza delle comunità locali potrebbe essere riscoperta come fondamentale per fornire un contesto e un senso all'apprendimento. Le scuole potrebbero diventare hub comunitari, dove l'apprendimento non si limita agli studenti, ma coinvolge tutti i membri della comunità, giovani e meno giovani, in un processo di apprendimento reciproco.

Sostenibilità Ambientale come Core Curriculum: Con l'accento crescente sui cambiamenti climatici e la sostenibilità, l'educazione ambientale potrebbe non essere più una materia a sé stante, ma integrata in ogni aspetto del curriculum. Gli studenti potrebbero essere coinvolti in progetti pratici di conservazione, agricoltura urbana e iniziative di energia rinnovabile direttamente nella loro comunità.

Rivalutazione delle Soft Skills: In un mondo dominato dalla tecnologia, le abilità umane come l'empatia, la comunicazione, la creatività e la capacità di collaborare diventerebbero sempre più preziose. Gli istituti di formazione potrebbero concentrarsi intensamente su queste competenze, assicurando che gli studenti siano preparati non solo con conoscenze tecniche, ma anche con la capacità di interagire e collaborare efficacemente in contesti diversificati.

Apprendimento Basato sull'Esperienza e il Gioco: L'importanza del gioco nell'apprendimento potrebbe essere riconosciuta a un livello più profondo, con scenari di apprendimento che usano la gamification non solo come un modo per "rendere divertente l'apprendimento", ma come una metodologia pedagogica fondamentale. Questo potrebbe estendersi anche agli adulti, con corsi di formazione professionale che utilizzano il gioco come principale mezzo di istruzione.

Cambio di Ruolo dell'Insegnante: Gli insegnanti potrebbero non essere più visti solo come fonti di conoscenza, ma come guide, facilitatori e coach. In un mondo in cui l'informazione è alla portata di tutti, la capacità di guidare gli studenti attraverso processi critici di pensiero, di aiutarli a fare connessioni e di stimolare la loro curiosità diventerebbe centrale.

Decentralizzazione dell'Educazione: Con la crescente disponibilità di risorse di apprendimento online, potrebbe esserci una decentralizzazione dell'educazione dalle istituzioni tradizionali. Mentre le università e le scuole potrebbero ancora esistere, ci potrebbero essere molteplici percorsi verso l'istruzione e la qualifica, compresi l'apprendimento autonomo, le micro-certificazioni e le piattaforme di apprendimento comunitario.

Intreccio tra Umanesimo e Tecnologia: Se da un lato l'accento potrebbe essere posto sulla tecnologia, dall'altro potrebbe esserci un rinnovato interesse per le discipline umanistiche. Filosofia, etica, arte e letteratura potrebbero essere visti come essenziali per comprendere e navigare in un mondo sempre più complesso e interconnesso.

Flessibilità e Personalizzazione: Nell'era dell'IA, le piattaforme di apprendimento potrebbero essere in grado di adattarsi in modo dinamico alle esigenze, agli interessi e ai ritmi di ogni studente. Invece di un curriculum fisso, gli studenti potrebbero seguire percorsi di apprendimento altamente personalizzati, costruiti attorno ai loro obiettivi personali e professionali. Questo significherebbe che due studenti nella stessa classe potrebbero avere esperienze di apprendimento completamente diverse.

Il Confine tra Apprendimento Formale e Informale si Sfuma: Con l'accesso a una quantità infinita di risorse online, la differenza tra ciò che viene appreso in aula e ciò che viene appreso al di fuori potrebbe diventare sempre meno rilevante. Gli studenti potrebbero ricevere crediti formativi per progetti personali, viaggi, esperienze di volontariato o qualsiasi altra attività che dimostri competenza e acquisizione di competenze.

Mondi Virtuali come Ambienti di Apprendimento: Oltre alle aule virtuali, potrebbero emergere interi mondi virtuali dedicati all'educazione. Gli studenti potrebbero "visitare" antiche civiltà in realtà virtuale, sperimentare la fisica in ambienti simulati o creare progetti artistici in spazi digitali tridimensionali.

Collaborazione Globale in Tempo Reale: Con la tecnologia che elimina le barriere geografiche, gli studenti potrebbero lavorare su progetti collaborativi con coetanei da tutto il mondo. Questa interazione globale potrebbe diventare una prassi comune, preparando gli studenti a un mondo lavorativo sempre più interconnesso.

Apprendimento Durante tutta la Vita: L'idea che l'educazione sia limitata all'infanzia e alla giovinezza potrebbe diventare obsoleta. Con il mondo in rapida evoluzione e l'emergere di nuove professioni, gli individui potrebbero ritrovarsi a imparare e riqualificarsi più volte nel corso della loro vita. L'apprendimento potrebbe diventare un'attività continua, con piattaforme di educazione che servono individui di tutte le età.

La Salute Mentale e Fisica Integrate nell'Educazione: Riconoscendo l'importanza del benessere generale per l'apprendimento efficace, le istituzioni educative potrebbero integrare prassi per la salute mentale e fisica nel curriculum. Questo potrebbe includere pause meditative, lezioni di gestione dello stress, attività fisica quotidiana e formazione sulla consapevolezza emotiva.

Valutazione Olistica degli Studenti: Invece di concentrarsi esclusivamente sui voti e sui test standardizzati, le scuole potrebbero adottare approcci di valutazione più olistici. Questo potrebbe includere portfolio digitali, riflessioni personali, progetti creativi e feedback peer-to-peer.

Educazione Basata sui Progetti e Risoluzione dei Problemi del Mondo Reale: Piuttosto che apprendere in modo astratto, gli studenti potrebbero essere coinvolti in progetti che affrontano problemi reali, dalla sostenibilità ambientale alla giustizia sociale. Questo tipo di apprendimento basato sui progetti potrebbe fornire agli studenti competenze pratiche e un senso di agenzia e scopo.

Decentralizzazione dell'Educazione: La formalità delle istituzioni educative tradizionali potrebbe cedere il posto a una moltitudine di piattaforme e modalità di apprendimento. Alcuni studenti potrebbero scegliere di studiare in ambienti fisici, mentre altri potrebbero preferire ambienti completamente online o una combinazione dei due. Inoltre, la nozione di "istituzione educativa" potrebbe espandersi per includere organizzazioni non tradizionali, come aziende tecnologiche, ONG o collettivi comunitari.

Realizzazione delle Competenze tramite l'AI: L'IA potrebbe aiutare a identificare e colmare le lacune nelle competenze degli studenti, offrendo percorsi di apprendimento specifici per sviluppare competenze particolari. Piuttosto che avere un curriculum standardizzato, ogni studente avrebbe un "piano di apprendimento" altamente personalizzato basato sulle sue esigenze, interessi e obiettivi futuri.

Aule Fisiche Adattive: Anche se gran parte dell'apprendimento potrebbe avvenire online, le aule fisiche esisteranno ancora e potrebbero diventare altamente tecnologiche e adattive. Immagina aule che cambiano la loro struttura basandosi sul tipo di lezione o sullo stile di apprendimento degli studenti, con l'AI che regola la luminosità, la temperatura e l'acustica in base alle esigenze degli studenti.

Cultura della Curiosità: Con la disponibilità di informazioni a portata di mano e l'IA che facilita l'apprendimento, potrebbe emergere una cultura in cui la curiosità e l'apprendimento continuo sono valori centrali. Le persone potrebbero essere incoraggiate a esplorare nuovi argomenti durante tutta la loro vita, indipendentemente dalla loro età o dal loro background.

Educazione Emozionale e Intelligenza Emotiva: Oltre all'acquisizione di competenze e conoscenze, l'importanza dell'intelligenza emotiva potrebbe essere riconosciuta come centrale nell'educazione del futuro. Le piattaforme di IA potrebbero offrire programmi specifici per aiutare gli studenti a comprendere e gestire le loro emozioni, a costruire relazioni sane e a sviluppare empatia.

Esperienze di Apprendimento Immersive: Con la crescita della realtà virtuale e aumentata, gli studenti potrebbero trovarsi immersi in scenari storici, viaggiare virtualmente nello spazio o esplorare ecosistemi oceanici profondi, il tutto dalla comodità delle loro case o aule.

Connettività Universale: La visione del 2050 potrebbe vedere una connettività universale dove ogni individuo, indipendentemente dalla posizione geografica o dallo status economico, ha accesso a risorse educative di alta qualità. Questo potrebbe livellare il campo di gioco e offrire opportunità a molti che sono attualmente privi di risorse.

Evoluzione del Ruolo dell'Educatore: In un mondo altamente tecnologico, il ruolo dell'educatore potrebbe passare da un dispensatore di informazioni a un facilitatore di esperienze. Gli insegnanti potrebbero diventare mentori, coach e guide, aiutando gli studenti a navigare nel vasto mare di informazioni e opportunità disponibili.

Interazione Olistica Tra Uomo e Macchina: Nel 2050, potremmo vedere un'integrazione molto più olistica tra studenti e tecnologia. L'apprendimento potrebbe non essere limitato a sessioni formali, ma potrebbe

avvenire in modo continuo attraverso
interazioni quotidiane con sistemi intelligenti.
Ad esempio, un assistente virtuale potrebbe
suggerire un articolo o un video pertinente
basato su una conversazione che uno studente
ha avuto durante la cena.

Ecosistemi di Apprendimento Connessi:
La rete di piattaforme di apprendimento
potrebbe evolversi in vasti ecosistemi
interconnessi. Una persona potrebbe iniziare un
corso in una piattaforma, proseguire con un
progetto pratico in un'altra e poi discutere e
riflettere su ciò che ha appreso in un forum di
discussione completamente diverso, il tutto
orchestrato da sistemi di IA che tracciano e
guidano il percorso di apprendimento
dell'individuo.

Risposta All'Imprevedibilità: Considerando
il ritmo accelerato del cambiamento tecnologico
e sociale, l'educazione del 2050 dovrà preparare
gli studenti per un futuro altamente
imprevedibile. Questo potrebbe tradursi in
un'enfasi sull'apprendimento basato sui
problemi, la capacità di adattarsi rapidamente e
l'abilità di apprendere nuove competenze in
modo efficiente.

Riconoscimento Universale delle Competenze: Con una popolazione studentesca globale che apprende da una moltitudine di fonti, potremmo vedere lo sviluppo di un sistema universale per riconoscere e accreditare le competenze. Indipendentemente da dove o come un individuo ha acquisito una competenza, esso potrebbe essere riconosciuto e validato in modo uniforme in tutto il mondo.

Personalizzazione Estrema: Mentre la personalizzazione dell'istruzione è già un argomento di discussione oggi, nel 2050 potremmo vedere una personalizzazione estrema. L'IA potrebbe creare percorsi di apprendimento che tengono conto non solo delle competenze e degli interessi di uno studente, ma anche del suo stile di apprendimento, del suo stato emotivo e dei suoi obiettivi di vita.

Riflessione e Mindfulness: Con l'assalto costante di informazioni e stimoli, le pratiche di riflessione e mindfulness potrebbero diventare componenti centrali dell'educazione. Gli studenti potrebbero essere guidati attraverso esercizi regolari che li aiutano a connettersi con se stessi, a riflettere sul loro apprendimento e a sviluppare una consapevolezza profonda.

Connessioni Interdisciplinari: Mentre oggi tendiamo a dividere l'apprendimento in materie distinte, nel futuro potremmo vedere una maggiore enfasi sulle connessioni interdisciplinari. Un progetto potrebbe integrare arte, scienza, storia e matematica, ad esempio, incoraggiando gli studenti a vedere e comprendere le connessioni più ampie.

Gaming e Narrativa nell'Apprendimento: Il ruolo dei videogiochi e della narrativa nell'educazione potrebbe diventare ancora più prominente. Gli studenti potrebbero immergersi in mondi virtuali dove affrontano sfide, risolvono problemi e sviluppano competenze in un contesto altamente coinvolgente e basato sulla storia.

Accesso Universale all'Educazione: Nel 2050, la barriera geografica e socioeconomica all'educazione potrebbe essere completamente erosa. Con l'avvento della tecnologia e dei costi decrescenti delle connessioni internet, chiunque, indipendentemente dalla sua posizione o dal suo background, potrebbe avere accesso a risorse educative di alta qualità. Ciò potrebbe portare a un'era in cui il desiderio di apprendere è l'unico requisito per accedere all'istruzione.

Insegnanti come Mentori: Anche se la tecnologia potrebbe assumere molti dei compiti tradizionali dell'insegnamento, il ruolo degli insegnanti non diminuirà, ma piuttosto si evolverà. Gli insegnanti potrebbero diventare più simili a mentori o coach, guidando gli studenti attraverso i loro percorsi personalizzati, aiutandoli a riflettere sul loro apprendimento e fornendo loro supporto emotivo e sociale.

Educazione Esperienziale: Con la tecnologia che permette esperienze immersività, l'apprendimento potrebbe diventare molto più esperienziale. Invece di leggere su un concetto, gli studenti potrebbero immergersi in un ambiente virtuale che lo simula. Ad esempio, invece di leggere sulla Grande Barriera Corallina, potrebbero fare un'immersione virtuale, studiando la biologia marina in un contesto altamente realistico.

Interazione Uomo-AI: Come le persone interagiranno con l'AI potrebbe andare ben oltre le attuali interfacce. Con l'avanzamento delle neuroscienze e delle tecnologie di interfaccia cerebrale, potremmo vedere metodi di interazione diretta tra il cervello umano e l'IA. Questo potrebbe rivoluzionare non solo come apprendiamo ma anche come pensiamo e come elaboriamo le informazioni.

Bilanciamento Tra Tecnologia e Umanità: Sebbene la tecnologia giocherà un ruolo dominante nell'educazione del futuro, potrebbe esserci anche un rinnovato interesse per le qualità umane. Abilità come l'empatia, la creatività e la riflessione potrebbero diventare ancora più preziose, poiché rappresentano qualità uniche e intrinsecamente umane che le macchine potrebbero non replicare completamente.

Apprendimento Basato sulla Comunità: Mentre l'apprendimento diventerà più individualizzato e personalizzato, potrebbe anche diventare più comunitario. Gli studenti potrebbero lavorare su progetti di gruppo con coetanei da tutto il mondo, risolvendo problemi reali e globali in collaborazione.

Flessibilità nella Struttura Educativa: L'idea tradizionale di "scuola" potrebbe essere completamente rinnovata. Invece di edifici fisici, potremmo avere reti globali di apprendimento. Anche la struttura temporale dell'educazione potrebbe diventare più flessibile, con gli studenti che apprendono a ritmi diversi e seguendo percorsi unici e individualizzati.

Valutazione Dinamica: I sistemi di valutazione potrebbero diventare più dinamici e in tempo reale. Invece di esami e test tradizionali, gli studenti potrebbero essere valutati continuamente attraverso le loro interazioni, i progetti e le riflessioni, fornendo un quadro più completo e olistico delle loro competenze e conoscenze.

Visione Futuristica: L'Educazione nel 2050 - Una Riflessione Dettagliata

La proiezione dell'educazione nel 2050 non è un compito facile, ma ciò che è chiaro è che la tecnologia, in particolare l'Intelligenza Artificiale, sarà un pilastro centrale nella definizione di come le persone imparano e come le istituzioni educative funzionano.

Ambienti di Apprendimento Olistici: Mentre le aule virtuali e i laboratori AI rappresenteranno componenti fondamentali dell'educazione, ci sarà una fusione senza soluzione di continuità tra l'apprendimento digitale e l'apprendimento fisico. Le aule potrebbero non essere vincolate da quattro mura, ma potrebbero essere spazi ibridi in cui il mondo virtuale e il mondo fisico convergono, creando un'esperienza di apprendimento immersiva.

Ruolo Centrale degli Educatori: Sebbene la tecnologia sia avanzata, gli educatori rimarranno centrali nel panorama educativo. Saranno però più dei facilitatori dell'apprendimento piuttosto che dei dispensatori di informazioni. La loro formazione sarà incentrata su come sfruttare al meglio la tecnologia per potenziare l'apprendimento, come fornire un supporto emotivo e sociale in un mondo sempre più digitale e come coltivare un pensiero critico in un'era di informazioni sovraccariche.

Un Mondo Senza Frontiere Educative: Le piattaforme di apprendimento peer-to-peer e la collaborazione virtuale assicureranno che l'apprendimento non sia limitato da barriere geografiche o socio-economiche. Gli studenti potranno collaborare con coetanei da tutto il mondo, acquisendo una prospettiva globale e interconnessa. Questo tipo di apprendimento potenzierà le capacità di comunicazione interculturale, essenziali in un mondo globalizzato.

Approccio Centrato sull'Uomo: Nonostante l'onnipresenza della tecnologia, l'approccio all'educazione sarà centrato sull'individuo. Ogni studente avrà percorsi di apprendimento personalizzati, adattati ai loro stili di apprendimento, alle loro passioni e ai loro obiettivi di carriera. L'AI giocherà un ruolo chiave nell'analisi dei dati degli studenti per creare questi percorsi personalizzati, assicurando che ciascun studente sia equipaggiato con le competenze e le conoscenze necessarie per prosperare in un mondo in rapida evoluzione.

Preparazione per un Mondo In Predominanza AI: L'educazione nel 2050 riconoscerà l'importanza di preparare gli studenti per un mondo dove l'AI sarà ubiqua. Oltre alle competenze tecniche, ci sarà un'enfasi sull'etica dell'IA, sulla comprensione dei bias algoritmici e sulle responsabilità che vengono con l'utilizzo dell'IA in vari settori.

Conclusione: La visione dell'educazione nel 2050 è affascinante e piena di possibilità. Sebbene vi siano sfide da affrontare, come le questioni etiche e l'accesso equo, le opportunità per un'apprendimento più profondo, personalizzato e globale sono immense. Con l'Intelligenza Artificiale come partner nell'educazione, il futuro degli studenti appare luminoso e pieno di potenziale.

16. Risorse e Strumenti per gli Educatori

Risorse e Strumenti per gli Educatori - Un'Esplorazione Approfondita

L'evoluzione delle tecnologie educative ha portato a una vasta gamma di risorse e strumenti disponibili per gli educatori. Questi strumenti, quando utilizzati correttamente, possono migliorare l'insegnamento e l'apprendimento, rendendo il processo educativo più efficace, coinvolgente e interattivo.

Lista di applicazioni e software:

1. **Piattaforme di Gestione dell'Apprendimento (LMS)** come Moodle, Blackboard e Canvas permettono agli insegnanti di organizzare materiali didattici, assegnare compiti, condurre quiz e tracciare il progresso degli studenti in un unico luogo.
2. **Kahoot! e Quizlet** sono strumenti interattivi che permettono agli educatori di creare quiz e giochi per aumentare l'interazione e l'engagement in classe.
3. **Tinkercad e Scratch** sono piattaforme di programmazione per bambini che introducono concetti di coding in modo divertente e interattivo.
4. **Edmodo e Google Classroom** forniscono ambienti di apprendimento social dove gli studenti possono discutere, condividere risorse e collaborare su progetti.
5. **Turnitin** è uno strumento di rilevamento del plagio che aiuta gli educatori a mantenere l'integrità accademica.
6. **Zoom e Microsoft Teams** sono strumenti di videoconferenza che hanno acquisito popolarità per l'insegnamento a distanza, facilitando lezioni virtuali, discussioni e seminari.

Guide e tutorial:

1. **EDUCAUSE** è un'organizzazione che fornisce risorse, ricerche e best practices su come integrare efficacemente la tecnologia nell'insegnamento.
2. **ISTE (International Society for Technology in Education)** offre una serie di standard professionali per l'utilizzo della tecnologia nell'istruzione, insieme a corsi, webinar e risorse per la formazione degli insegnanti.
3. **Coursera e edX** offrono corsi online specifici per gli educatori su vari argomenti, dalla pedagogia basata sulla tecnologia alla gestione dell'aula virtuale.
4. **SimpleK12** fornisce webinar e formazione online per gli insegnanti, con un focus sull'integrazione della tecnologia nell'aula.
5. **YouTube** ha una vasta gamma di canali educativi, come "EdTechTeacher", che offrono tutorial e recensioni su nuovi strumenti e applicazioni per l'insegnamento.
6. **Teachers Pay Teachers** è una piattaforma dove gli educatori possono condividere e vendere le proprie risorse didattiche, e spesso include guide e tutorial su come utilizzare determinati strumenti o approcci pedagogici.

Mentre questi sono solo alcuni esempi di risorse e strumenti disponibili, è essenziale che gli educatori scelgano quelli che si adattano meglio alle loro esigenze e al contesto di apprendimento. La chiave è rimanere aggiornati, sperimentare con nuovi strumenti e approcci, e condividere conoscenze e best practices con altri educatori. La formazione continua e la volontà di adattarsi sono essenziali per garantire che l'insegnamento rimanga rilevante e efficace nell'era digitale.

La vastità di strumenti e risorse per gli educatori che la tecnologia moderna offre è veramente impressionante. Non solo abbiamo software e piattaforme, ma c'è una miriade di altre risorse che potrebbero avere un impatto significativo sull'istruzione.

Piattaforme di Contenuto Interattivo: Oltre ai tradizionali LMS, ci sono piattaforme come **Edpuzzle** e **Nearpod** che permettono agli insegnanti di trasformare i video in lezioni interattive, integrando domande, sondaggi e discussioni direttamente nel video. Questi strumenti sono essenziali per garantire che gli studenti non siano solo spettatori passivi, ma partecipanti attivi nel loro apprendimento.

Realizzazione di Podcast e Materiali Audio: Gli strumenti come **Anchor** e **Audacity** permettono agli educatori di creare e modificare podcast educativi. Questi possono essere utilizzati come risorse supplementari o come parte integrante di un curriculum, offrendo agli studenti un diverso formato di apprendimento che può essere consumato anche in movimento.

Realta' Aumentata (AR) e Realta' Virtuale (VR) in Classe: Le applicazioni come **Google Expeditions** consentono agli studenti di fare viaggi virtuali in luoghi che altrimenti non sarebbero accessibili. Strumenti AR come **Aurasma** possono trasformare materiali didattici stampati in esperienze interattive 3D.

Blog e Portfolio Digitali: Piattaforme come **Blogger**, **WordPress**, o **Seesaw** offrono agli studenti la possibilità di creare un portfolio digitale o un blog. Questo non solo migliora le loro capacità di scrittura e riflessione, ma offre anche un mezzo per dimostrare le loro competenze e i loro apprendimenti in un formato pubblico.

Codifica e Robotica: Strumenti come **Arduino** e **Raspberry Pi** hanno reso la robotica e la programmazione più accessibili agli studenti di tutte le età. Mentre piattaforme come **Codecademy** e **Khan Academy** offrono corsi di programmazione gratuiti che possono essere integrati nel curriculum.

Simulazioni e Laboratori Virtuali: Le simulazioni offrono agli studenti la possibilità di esplorare concetti complessi in un ambiente sicuro e controllato. Siti come **PhET** forniscono simulazioni interattive su una vasta gamma di argomenti scientifici e matematici.

Biblioteche Digitali e Accesso alle Ricerche: Con l'avvento di biblioteche digitali come **Google Books** e **Project Gutenberg**, gli studenti hanno accesso a migliaia di libri e documenti di ricerca. Questo democratizza l'accesso all'informazione, assicurando che ogni studente abbia le risorse necessarie per avere successo.

Forum e Comunità Online: Spazi come **Stack Exchange** o specifici subreddit offrono agli studenti e agli educatori la possibilità di fare domande, condividere risorse e discutere di argomenti specifici con esperti e pari di tutto il mondo.

Incorporare questi strumenti nell'insegnamento quotidiano può sembrare scoraggiante, data la vasta quantità di opzioni disponibili. Tuttavia, gli educatori non dovrebbero sentirsi obbligati ad adottare ogni nuovo strumento. La chiave è selezionare e integrare quegli strumenti che hanno il maggiore potenziale per migliorare l'apprendimento degli studenti e che si adattano meglio al proprio stile di insegnamento.

L'ecosistema di risorse e strumenti per gli educatori sta crescendo esponenzialmente, con l'avvento dell'IA e delle nuove tecnologie, e questo offre una miriade di opportunità per innovare le metodologie didattiche.

Gamification e Apprendimento Basato sul Gioco: Gli strumenti come **Kahoot!** e **Quizlet** hanno introdotto una dimensione di gioco nell'apprendimento, incentivando gli studenti a partecipare attivamente e rendendo il processo di apprendimento più coinvolgente. Questi strumenti utilizzano spesso tecniche di gamification, come punteggi, classifiche e premi, per motivare gli studenti.

Strumenti di Feedback in Tempo Reale: Applicazioni come **Socrative** o **Plickers** permettono agli insegnanti di ricevere feedback immediato dagli studenti durante la lezione. Questo può aiutare a identificare rapidamente le aree in cui gli studenti potrebbero avere difficoltà e adattare l'insegnamento di conseguenza.

Strumenti di Annotazione e Condivisione: Piattaforme come **Padlet** o **Miro** offrono spazi virtuali dove studenti ed educatori possono condividere idee, risorse e collaborare in tempo reale. Questi strumenti possono essere particolarmente utili per lavori di gruppo o progetti collaborativi.

Strumenti di Creazione Multimediale: Applicazioni come **Canva** o **Adobe Spark** consentono agli studenti di creare presentazioni, infografiche e altri contenuti multimediali con facilità. Questo incoraggia la creatività e permette agli studenti di esprimersi in modi diversi da una tradizionale relazione scritta.

Ambienti di Apprendimento Immersivo:
Con la tecnologia VR e AR che diventa sempre
più accessibile, gli strumenti come **Tilt Brush** o
Rumii possono offrire ambienti di
apprendimento tridimensionali dove gli
studenti possono esplorare, creare e interagire
in modi completamente nuovi.

Risorse di Formazione Professionale:
Non sono solo gli studenti ad avere bisogno di
risorse. Piattaforme come **Coursera** o **edX**
offrono corsi di formazione per gli educatori,
aiutandoli a rimanere aggiornati sulle ultime
tendenze didattiche e tecnologiche.

**Strumenti di Gestione del Tempo e
Organizzazione:** Con la crescente quantità di
risorse e strumenti a disposizione, la gestione
del tempo e l'organizzazione diventano cruciali.
Applicazioni come **Trello** o **Notion** possono
aiutare gli educatori a pianificare le lezioni,
tracciare i progressi degli studenti e organizzare
le risorse.

**Banche Dati e Archivi di Risorse
Educative Aperte:** Siti come **OER
Commons** o **MERLOT** offrono una vasta
gamma di risorse didattiche gratuite, dai moduli

di lezione ai testi, che possono essere adattati e utilizzati in classe.

Mentre la tecnologia continua a evolversi e la lista di strumenti a disposizione degli educatori cresce, è fondamentale che ogni educatore selezioni gli strumenti che meglio si adattano alle proprie esigenze e a quelle dei suoi studenti, piuttosto che sentirsi sopraffatti dall'abbondanza di opzioni. La chiave è sperimentare, adattare e adottare ciò che funziona meglio nel contesto specifico.

L'integrazione di risorse e strumenti basati sull'IA nel panorama educativo moderno non è solo una tendenza, ma una necessità emergente. In un mondo in cui la digitalizzazione e l'automazione stanno prendendo piede in quasi tutti gli aspetti della vita quotidiana, l'istruzione non può restare indietro. La chiave per gli educatori è navigare in questo vasto oceano di risorse con discernimento, sfruttando gli strumenti più adatti alle loro esigenze e a quelle dei loro studenti.

Le **applicazioni e i software** basati sull'IA offrono un'ampia varietà di funzionalità, dalle tecniche di gamification per rendere l'apprendimento più interattivo e coinvolgente, agli strumenti di feedback in tempo reale che aiutano gli educatori a personalizzare il loro approccio didattico. Mentre questi strumenti possono automatizzare e semplificare molti aspetti dell'insegnamento, è essenziale che vengano utilizzati come complementi e non come sostituti dell'interazione umana in aula. L'importanza dell'empatia, dell'ascolto attivo e della comprensione dei bisogni individuali degli studenti non può essere sottovalutata e non può essere completamente replicata dalla tecnologia.

Le **guide e i tutorial** aiutano gli educatori a comprendere e adattarsi rapidamente ai nuovi strumenti, permettendo un'applicazione efficace in aula. Queste risorse sono particolarmente preziose per gli educatori che potrebbero non avere familiarità con le nuove tecnologie o che potrebbero sentirsi sopraffatti dall'ampia gamma di opzioni disponibili. Tuttavia, è essenziale che queste guide siano aggiornate regolarmente, poiché il campo dell'IA è in continua evoluzione.

Inoltre, mentre gli strumenti e le risorse basati sull'IA possono offrire soluzioni innovative, è fondamentale affrontare anche le sfide. La questione della **privacy** degli studenti, ad esempio, è di primaria importanza, specialmente quando si utilizzano piattaforme che raccolgono dati. Gli educatori devono essere informati su come queste piattaforme utilizzano e conservano i dati degli studenti, assicurandosi che siano protetti e utilizzati eticamente.

In sintesi, l'adozione e l'integrazione di risorse e strumenti basati sull'IA nell'istruzione rappresentano un'opportunità significativa per migliorare l'esperienza di apprendimento e l'insegnamento. Tuttavia, come per ogni innovazione, viene con la sua quota di sfide. È fondamentale che gli educatori si avvicinino a questi strumenti con un atteggiamento critico e informato, assicurandosi che le tecnologie adottate arricchiscano l'esperienza educativa piuttosto che detrarre dal valore intrinseco dell'istruzione.

17. Collaborazione tra Uomo e Macchina nell'Educazione

La **collaborazione tra uomo e macchina** nell'ambito dell'educazione è una dimensione sempre più rilevante del panorama pedagogico contemporaneo. Le potenzialità dell'intelligenza artificiale, se utilizzate correttamente, possono amplificare le capacità degli educatori, permettendo loro di fornire un apprendimento più personalizzato e di rispondere alle esigenze individuali degli studenti in modi precedentemente impensabili.

Equilibrio tra personalizzazione e interazione umana:

L'IA ha il potere di personalizzare l'apprendimento, adattando il contenuto e il ritmo di presentazione alle esigenze specifiche di ogni studente. Ad esempio, gli algoritmi possono analizzare le risposte degli studenti a quiz e test, identificando aree di debolezza e adattando automaticamente il materiale didattico per rafforzare quelle aree. Tuttavia, l'apprendimento non è solo un processo cognitivo; è anche sociale ed emotivo. L'interazione umana, sia con gli insegnanti sia con altri studenti, è cruciale per lo sviluppo di competenze come la comunicazione, l'empatia e il lavoro di squadra. Pertanto, è fondamentale trovare un equilibrio in cui l'IA offre personalizzazione, ma non al punto da isolare gli studenti o da sostituire completamente l'interazione umana.

Migliorare piuttosto che sostituire: Mentre l'IA può gestire compiti come la correzione automatica dei test o la personalizzazione dei percorsi di apprendimento, il ruolo di un educatore non può essere completamente sostituito da una macchina. Gli insegnanti non sono solo trasmettitori di informazioni; sono mentori, consiglieri e figure guida nello sviluppo complessivo di uno studente. L'obiettivo dell'integrazione dell'IA in classe dovrebbe essere quello di migliorare l'efficienza e l'efficacia dell'insegnamento, liberando gli educatori da compiti ripetitivi e consentendo loro di concentrarsi su aspetti dell'educazione che richiedono una vera interazione umana, come la discussione, il mentoring e l'orientamento.

Un esempio potrebbe essere l'utilizzo di un assistente virtuale in aula che aiuta a rispondere a domande frequenti degli studenti o a gestire compiti amministrativi, permettendo all'insegnante di dedicare più tempo alle interazioni one-to-one o a discussioni di gruppo.

In conclusione, la collaborazione tra uomo e macchina nell'educazione dovrebbe mirare a creare un ambiente di apprendimento in cui la tecnologia e l'umanità coesistono in armonia. L'IA offre strumenti potenti che, se utilizzati saggiamente, possono arricchire l'esperienza educativa. Tuttavia, come educatori e responsabili delle decisioni, dobbiamo garantire che la tecnologia venga utilizzata per potenziare l'interazione umana, non per sostituirla, riconoscendo il valore insostituibile di un approccio pedagogico umanistico.

Il dialogo tra uomo e macchina nell'educazione non è un fenomeno nuovo, ma con l'avvento dell'IA, la portata e la profondità di questa interazione hanno raggiunto nuove dimensioni. L'intelligenza artificiale, infatti, non si limita a processare informazioni come uno strumento tradizionale, ma "apprende" e si "adatta" alle esigenze degli utenti, offrendo possibilità che vanno oltre la semplice automazione.

Complementarità delle competenze:
L'IA eccelle in compiti specifici, come l'analisi di grandi quantità di dati o la risoluzione di problemi complessi basati su parametri definiti. Gli esseri umani, d'altro canto, sono maestri nell'interpretazione, nell'intuizione, nella creatività e nell'empatia. Queste competenze umane sono fondamentali nell'educazione, specialmente quando si tratta di comprendere le sfumature delle interazioni umane o di navigare in situazioni ambigue. Utilizzando l'IA come complemento alle competenze umane, gli educatori possono sfruttare il meglio di entrambi i mondi. Per esempio, un sistema AI potrebbe analizzare le performance degli studenti e suggerire materiali di studio personalizzati, mentre l'insegnante potrebbe utilizzare queste informazioni per fornire un supporto emotivo e una guida personalizzata.

Interfaccia uomo-macchina:
La crescente adozione dell'IA nell'educazione sottolinea l'importanza delle interfacce uomo-macchina intuitive. Mentre le macchine diventano più intelligenti, è cruciale che siano anche più accessibili e comprensibili per gli utenti. Gli educatori non sono necessariamente esperti di tecnologia, e la progettazione di interfacce amichevoli può rendere la transizione

verso un ambiente di apprendimento assistito dall'IA più fluida. Questo potrebbe tradursi in chatbot più interattivi, dashboard intuitivi o sistemi di feedback che rendono i dati comprensibili a tutti.

Evoluzione del ruolo dell'educatore: Con l'adozione dell'IA, il ruolo tradizionale dell'educatore sta cambiando. Non sono più visti solo come dispensatori di informazione, ma come facilitatori dell'apprendimento. Mentre l'IA può gestire la personalizzazione dei contenuti o monitorare i progressi degli studenti, gli educatori possono concentrarsi sull'incoraggiare la curiosità, promuovere la discussione critica e fornire un contesto reale ai concetti astratti.

L'importanza della formazione: Man mano che l'IA diventa parte integrante dell'educazione, è essenziale che gli educatori siano adeguatamente formati per utilizzare questi strumenti. Non si tratta solo di sapere come funziona un software, ma di comprendere le potenzialità e i limiti dell'IA, di essere in grado di integrarla in modo efficace nel curriculum e di utilizzarla in modo etico.

L'etica dell'uso dell'IA:
L'integrazione dell'IA nell'educazione solleva anche questioni etiche. La raccolta e l'analisi dei dati degli studenti devono essere gestite con cura per garantire la privacy e la sicurezza. Inoltre, è essenziale garantire che l'IA non perpetui bias e pregiudizi, ma piuttosto promuova equità e inclusione.

In sintesi, la collaborazione tra uomo e macchina nell'educazione offre immense opportunità, ma richiede anche una riflessione approfondita e una gestione attenta per garantire che sia realizzata nel modo più benefico ed etico possibile.

La collaborazione tra uomo e macchina nell'ambito dell'educazione rappresenta una delle frontiere più stimolanti e sfidanti della pedagogia moderna. Questa sinergia tra capacità umane e potenzialità dell'intelligenza artificiale ha il potenziale di rivoluzionare il modo in cui insegniamo e apprendiamo, ma è essenziale procedere con consapevolezza, per sfruttarne al meglio i benefici e ridurne i rischi.

Equilibrio tra personalizzazione e interazione umana:
L'IA può analizzare enormi quantità di dati e personalizzare l'apprendimento in modi che erano precedentemente impensabili, offrendo agli studenti percorsi didattici su misura per le loro necessità e ritmi. Tuttavia, l'apprendimento non è solo un processo cognitivo, ma anche sociale ed emotivo. La relazione tra studente e insegnante, la discussione in classe, l'interazione con i pari e la soluzione collaborativa di problemi sono elementi fondamentali dell'esperienza educativa. Nonostante la crescente capacità dell'IA di simulare interazioni umane, ci sono sfumature, empatie e intuizioni intrinsecamente umane che non possono essere completamente replicate da una macchina. Ecco perché, nonostante l'adozione sempre più ampia di strumenti basati sull'IA, l'interazione umana rimane insostituibile e centrale nel processo educativo.

Migliorare piuttosto che sostituire:
È essenziale considerare l'IA non come un sostituto degli insegnanti, ma come un potente strumento complementare nelle loro mani. L'obiettivo non è ridurre il ruolo dell'educatore, ma potenziarlo, liberandolo da compiti ripetitivi e meccanici e consentendogli di concentrarsi su

aspetti dell'insegnamento che richiedono una sensibilità e un'intuizione umana. Gli educatori possono utilizzare l'IA per avere una visione più chiara delle esigenze di ogni studente, per proporre materiali didattici più adatti, per monitorare i progressi in tempo reale e intervenire tempestivamente in caso di difficoltà. In questo scenario, l'educatore non è soppiantato, ma potenziato nella sua missione di guidare e sostenere gli studenti.

Formazione e aggiornamento:
Per assicurare che la collaborazione tra uomo e macchina nell'educazione sia efficace, è indispensabile che gli educatori siano formati non solo sull'utilizzo degli strumenti AI, ma anche sulla comprensione dei principi di base dell'intelligenza artificiale. La formazione dovrebbe coprire aspetti tecnici, ma anche etici, affinché gli insegnanti siano preparati ad affrontare le sfide e le opportunità presentate dalla crescente integrazione dell'IA in classe.

Verso una visione olistica dell'educazione:
In conclusione, mentre ci muoviamo in un'era in cui l'intelligenza artificiale diventerà sempre più presente nella nostra vita quotidiana e, di conseguenza, nelle nostre aule, è essenziale

mantenere una visione olistica dell'educazione. L'obiettivo non dovrebbe essere semplicemente l'adozione della tecnologia più avanzata, ma garantire che ogni innovazione sia al servizio dell'apprendimento, del benessere e dello sviluppo globale degli studenti. Solo con questa prospettiva possiamo sperare di formare individui capaci non solo di comprendere e utilizzare le tecnologie emergenti, ma anche di farlo in modo critico, responsabile ed etico.

18. Storie di Successo: Case Study

Quando parliamo di implementazione dell'Intelligenza Artificiale (IA) nell'educazione, è essenziale guardare alle storie di successo, per comprendere come queste innovazioni possono essere applicate in modo efficace. I case study offrono spunti concreti e mostrano i benefici tangibili derivanti dall'integrazione dell'IA nel mondo dell'istruzione.

Esempi reali di scuole e università:

1. **L'Università di Stanford e l'apprendimento personalizzato**:
   L'Università di Stanford ha sviluppato un sistema basato sull'IA che analizza le interazioni degli studenti con il materiale didattico online. Questo sistema identifica gli stili di apprendimento individuali e adatta automaticamente i contenuti, proponendo percorsi personalizzati. Gli studenti che hanno utilizzato questa piattaforma hanno mostrato un miglioramento notevole nei risultati dei test rispetto ai loro pari che seguivano percorsi tradizionali.

2. **Scuola Primaria di Haidian, Pechino**:
   Questa scuola ha implementato un sistema di riconoscimento facciale in classe per monitorare l'attenzione e l'interesse degli studenti. Se il sistema rileva che uno studente appare distratto o annoiato per un certo periodo, avvisa l'insegnante, che può adattare la lezione di conseguenza. Anche se questo sistema ha sollevato alcune preoccupazioni etiche, i risultati preliminari mostrano una maggiore partecipazione e coinvolgimento degli studenti.

Testimonianze e interviste:

1. **Professore Mark J. T., Università di Toronto**: "All'inizio ero scettico sull'introduzione dell'IA nelle mie lezioni. Tuttavia, dopo aver adottato un assistente virtuale per gestire le domande frequenti degli studenti, ho notato che avevo più tempo da dedicare a discussioni approfondite e mentoring individuale. L'IA non ha sostituito il mio ruolo, ma l'ha arricchito."

2. **Sara L., studentessa del liceo in Italia**: "Grazie ad un'app basata sull'IA che adatta le domande e gli esercizi al mio livello, sono riuscita a colmare le mie lacune in matematica. L'apprendimento personalizzato ha fatto la differenza per me."

Questi case study e testimonianze dimostrano il potenziale dell'IA nell'educazione. Tuttavia, è fondamentale sottolineare l'importanza di implementare queste tecnologie in modo etico, tenendo conto delle preoccupazioni relative alla privacy e all'equità. Gli esempi di successo dovrebbero servire come modello, ma anche come punto di partenza per ulteriori innovazioni e adattamenti specifici per ogni contesto educativo.

I case study e le testimonianze offrono una prospettiva unica sui vantaggi e sulle sfide dell'implementazione dell'IA nell'educazione. Oltre agli esempi menzionati in precedenza, ci sono molte altre storie di successo che possono fornire preziose intuizioni.

Università di Oxford e la sua Biblioteca Virtuale: L'Università di Oxford ha lanciato un progetto ambizioso per digitalizzare la sua vasta collezione di libri e manoscritti. Attraverso l'uso di algoritmi avanzati, gli studenti e i ricercatori possono ora accedere a questi materiali da qualsiasi parte del mondo. L'IA categorizza e organizza le informazioni, rendendo la ricerca più efficiente. Questa iniziativa ha trasformato la biblioteca in una risorsa globale per studiosi e appassionati di tutto il mondo.

Il progetto di matematica basato sull'IA in Giappone: In Giappone, un'azienda ha sviluppato un software di matematica per gli studenti delle scuole medie che utilizza l'IA per identificare le aree in cui gli studenti stanno avendo difficoltà e suggerire esercizi mirati. Questo software è stato integrato in diverse scuole, e gli insegnanti hanno riferito un netto miglioramento nelle competenze matematiche degli studenti.

Interviste con gli insegnanti: Molti insegnanti hanno iniziato a vedere l'IA non come una minaccia, ma come un alleato. Clara, un'insegnante di storia in Spagna, ha menzionato: "Utilizzo un assistente virtuale in classe per rispondere alle domande di base degli studenti. Ciò mi consente di concentrarmi su argomenti più complessi e discussioni approfondite". Similmente, Ramesh, un professore di fisica in India, ha detto: "L'IA mi aiuta a identificare gli argomenti con cui gli studenti stanno lottando, permettendomi di adattare le lezioni di conseguenza".

Esperienze degli studenti: Oltre alle testimonianze degli insegnanti, è essenziale considerare le esperienze degli studenti. Fatima, una studentessa universitaria in Egitto, ha riferito: "Utilizzo una piattaforma basata sull'IA per le mie lezioni di lingua. Il sistema riconosce le parole che trovo difficili e adatta le lezioni di conseguenza. È come avere un tutor personale".

Collaborazioni internazionali grazie all'IA: Un aspetto spesso trascurato dell'IA nell'educazione è la sua capacità di facilitare la collaborazione internazionale. Diverse scuole e università in tutto il mondo stanno utilizzando piattaforme basate sull'IA per creare progetti collaborativi. Questo non solo permette agli studenti di lavorare su problemi globali, ma li espone anche a diverse culture e prospettive.

È evidente che l'IA sta giocando un ruolo sempre più importante nel mondo dell'istruzione. I case study e le testimonianze forniscono una chiara dimostrazione di come queste tecnologie possano essere utilizzate per migliorare l'apprendimento e l'insegnamento. Tuttavia, è essenziale procedere con cautela, garantendo che l'IA sia utilizzata in modo etico e che non sostituisca l'importante ruolo umano nell'educazione.

I case study e le storie di successo nell'applicazione dell'IA nell'educazione sono numerosi e variegati, coprendo diversi aspetti e applicazioni del campo.

Scuole Elementari e l'Introduzione dell'IA: In Norvegia, alcune scuole elementari hanno introdotto l'uso di robot di apprendimento basati sull'IA per aiutare gli studenti a sviluppare competenze di base in materie come matematica e lingua. Questi robot sono progettati per interagire con gli studenti in modo ludico, rendendo l'apprendimento un'esperienza divertente. I feedback iniziali suggeriscono che gli studenti sono più motivati e impegnati durante le lezioni, con un aumento notevole nella loro performance accademica.

IA e l'Apprendimento delle Lingue: In Corea del Sud, un'importante università ha sviluppato un'app basata sull'IA per aiutare gli studenti a migliorare le loro capacità linguistiche. L'app analizza le conversazioni degli studenti, identifica gli errori grammaticali e di pronuncia, e fornisce suggerimenti in tempo reale per la correzione. Questo ha permesso agli studenti di ricevere feedback immediato, accelerando il loro processo di apprendimento.

Educazione alla Salute e all'IA: In Brasile, una start-up ha creato una piattaforma educativa basata sull'IA per insegnare ai giovani l'importanza della nutrizione e della salute. Gli studenti possono interagire con personaggi virtuali, apprendere sui diversi gruppi di alimenti, e ricevere consigli personalizzati basati sulle loro abitudini alimentari. Il progetto ha ricevuto elogi sia a livello nazionale che internazionale per il suo approccio innovativo all'educazione alla salute.

Seminari Virtuali e l'IA: Negli Stati Uniti, alcune università stanno sperimentando l'uso di seminaristi virtuali basati sull'IA per condurre discussioni online. Questi assistenti virtuali sono in grado di gestire discussioni su vari argomenti, rispondere alle domande degli studenti e fornire feedback. Sebbene l'uso di seminaristi virtuali sia ancora in fase sperimentale, i primi risultati suggeriscono che possono essere una risorsa preziosa, specialmente in corsi con un elevato numero di studenti.

Esperienze di Apprendimento Immersivo: In Australia, un istituto di ricerca ha sviluppato una piattaforma basata sull'IA che utilizza la realtà virtuale per immergere gli studenti in ambienti storici o geografici. Gli studenti possono, ad esempio, esplorare l'antica Roma o la barriera corallina della Grande Barriera Corallina, apprendendo attraverso esperienze interattive e coinvolgenti.

Questi sono solo alcuni esempi di come l'IA stia trasformando l'educazione in tutto il mondo. Ogni giorno emergono nuove applicazioni e approcci, ampliando le possibilità e le opportunità per studenti e insegnanti. Tuttavia, è fondamentale assicurarsi che queste innovazioni siano integrate in modo riflessivo, preservando l'essenza dell'interazione umana che rimane al cuore dell'esperienza educativa.

Storie di Successo: Case Study nell'Utilizzo dell'IA in Ambito Educativo

La diffusione dell'Intelligenza Artificiale (IA) nell'educazione ha dato vita a una serie di storie di successo in tutto il mondo. Queste storie, provenienti da diverse istituzioni e paesi, mettono in evidenza la versatilità e il potenziale dell'IA nel migliorare l'apprendimento e l'insegnamento.

1. Adattamento all'individuo: Uno dei vantaggi più significativi dell'IA è la sua capacità di personalizzare l'esperienza di apprendimento in base alle esigenze individuali. Per esempio, una scuola in Canada ha introdotto un software di apprendimento adattivo che monitora la

progressione dello studente e adatta il
contenuto e le risorse in tempo reale,
assicurando che gli studenti ricevano il supporto
di cui hanno bisogno quando ne hanno bisogno.
Questa personalizzazione ha portato a un
miglioramento delle performance degli studenti
e ha ridotto il divario tra studenti con diversi
livelli di capacità.

2. Apprendimento delle lingue:
L'applicazione dell'IA nell'insegnamento delle
lingue si è dimostrata particolarmente efficace.
Una università giapponese ha lanciato un
programma in cui gli studenti interagiscono con
bot conversazionali per migliorare le loro
capacità linguistiche. Questo sistema, basato
sull'IA, permette agli studenti di immergersi in
conversazioni fluide, ricevendo feedback
immediato sulla pronuncia e sulla grammatica.

3. Supporto per gli insegnanti: In Nuova
Zelanda, alcune scuole hanno adottato sistemi
di IA che assistono gli insegnanti nella
valutazione delle prove scritte degli studenti.
Questi sistemi non solo velocizzano il processo
di correzione, ma offrono anche suggerimenti su
come l'insegnante può aiutare ogni studente a
migliorare, basandosi su analisi dettagliate delle
risposte degli studenti.

4. Coinvolgimento degli studenti: Una università in Svezia ha sperimentato l'uso di agenti virtuali in grado di rispondere alle domande degli studenti 24 ore su 24. Questo accesso immediato a informazioni e chiarimenti ha aumentato il coinvolgimento degli studenti e ha migliorato la loro comprensione degli argomenti trattati.

5. Inclusività: In Sud Africa, una ONG ha collaborato con sviluppatori di tecnologia per creare applicazioni basate sull'IA che assistono studenti con disabilità visive. Queste app trasformano il testo scritto in linguaggio braille in tempo reale, rendendo i materiali di studio accessibili a un pubblico più ampio.

In conclusione, l'integrazione dell'IA nell'ambito educativo ha aperto nuove porte e ha creato opportunità inaspettate. Tuttavia, come ogni strumento, la chiave del successo risiede nel modo in cui viene utilizzato. L'IA, se usata con riflessione e intelligenza, può offrire innumerevoli benefici, ma è essenziale che rimanga uno strumento al servizio dell'educazione, e non un sostituto dell'interazione e dell'esperienza umana. La collaborazione tra uomo e macchina, se ben bilanciata, può portare l'educazione a nuove vette di eccellenza e inclusività.

20. Contributo dell'AI nella Ricerca Educativa

Contributo dell'AI nella Ricerca Educativa: Approfondimenti

L'intelligenza artificiale (IA) sta diventando una risorsa sempre più preziosa nella ricerca educativa. Ecco come:

Analisi dei dati: L'IA può esaminare enormi set di dati per individuare modelli e tendenze che potrebbero non essere immediatamente evidenti. Ad esempio, potrebbe analizzare i risultati degli esami di diversi anni per identificare quali argomenti sono più difficili per gli studenti o quali metodi di insegnamento producono i migliori risultati. Può anche fornire analisi granulari sul rendimento degli studenti, consentendo agli educatori e ai ricercatori di capire meglio le esigenze specifiche degli studenti e come possono essere soddisfatte.

Previsioni e tendenze: Un'altra applicazione interessante è la capacità dell'IA di prevedere i futuri sviluppi nel campo dell'educazione. Utilizzando algoritmi avanzati, l'IA può analizzare dati esistenti per fare previsioni accurate su quali saranno le prossime grandi innovazioni nel campo dell'educazione o quali metodi pedagogici guadagneranno popolarità. Questo è fondamentale per la pianificazione a lungo termine e può influenzare decisioni come l'allocazione delle risorse o la revisione dei programmi di studio.

Non solo, l'IA può aiutare nella revisione sistematica della letteratura, rendendo più efficiente il processo di raccolta e sintesi delle ricerche esistenti. Ciò può essere particolarmente utile in campi come l'educazione, dove è essenziale rimanere aggiornati sulle ultime ricerche e teorie. L'IA può anche facilitare ricerche trasversali, collegando dati da discipline diverse per generare nuove intuizioni. Ad esempio, potrebbe correlare dati dalla psicologia educativa, la sociologia e la didattica per fornire una visione più olistica dei fattori che influenzano l'educazione.

L'AI sta dando forma a come vengono condotte le ricerche e come vengono interpretati i risultati. Questo avviene in diversi modi:

Adattabilità in tempo reale: I sistemi di IA possono monitorare e analizzare il comportamento degli studenti mentre interagiscono con piattaforme di apprendimento digitale, permettendo di adattare immediatamente il contenuto o le strategie didattiche alle esigenze individuali. Per esempio, se un algoritmo rileva che un certo gruppo di studenti sta avendo difficoltà con un argomento specifico, potrebbe segnalarlo ai ricercatori o agli educatori, permettendo un intervento tempestivo.

Personalizzazione dell'esperienza educativa: Grazie all'analisi dei dati, l'AI può aiutare i ricercatori a comprendere meglio come personalizzare l'apprendimento per ogni studente, tenendo conto delle sue abilità, interessi e stili di apprendimento. Questo può portare alla creazione di percorsi didattici personalizzati, offrendo a ogni studente l'opportunità di apprendere nel modo più efficace per lui.

Analisi delle interazioni sociali: Le moderne piattaforme di apprendimento spesso incoraggiano la collaborazione tra studenti. Attraverso l'analisi delle interazioni online, l'IA può aiutare i ricercatori a capire come gli studenti collaborano, quali strategie utilizzano e come possono essere supportati per migliorare le loro capacità collaborative.

Sviluppo di metodi pedagogici innovativi: L'analisi dei dati può rivelare nuove strategie e tecniche pedagogiche che possono essere più efficaci. Ad esempio, se si scopre che un certo tipo di gioco educativo online ha un alto tasso di successo nell'insegnare una particolare competenza, i ricercatori potrebbero approfondire le ragioni di tale successo e cercare di replicarlo in altre aree.

Rilevamento precoce delle difficoltà: L'IA può anche essere utilizzata per rilevare precocemente se gli studenti stanno avendo difficoltà in determinate aree, permettendo agli educatori di intervenire prima che diventi un problema maggiore. Questo può essere particolarmente utile per identificare problemi come la dislessia o altre difficoltà di apprendimento.

Integrazione tra diverse fonti di dati: La capacità dell'IA di integrare e analizzare dati provenienti da diverse fonti può fornire ai ricercatori una visione più completa dei processi di apprendimento. Ad esempio, potrebbe combinare dati provenienti da piattaforme di apprendimento online, valutazioni formali, feedback degli insegnanti e comportamento in classe per fornire una visione olistica del progresso di uno studente.

L'introduzione dell'AI nella ricerca educativa rappresenta dunque una svolta significativa. L'abilità dell'AI di analizzare rapidamente grandi quantità di dati, individuare modelli e adattarsi in tempo reale ha il potenziale di rivoluzionare la nostra comprensione dell'apprendimento e dell'insegnamento. E mentre ci avventuriamo in questo nuovo territorio, sarà essenziale garantire che queste tecnologie siano utilizzate in modo etico e responsabile.

L'impiego dell'Intelligenza Artificiale (AI) nella ricerca educativa ha innescato una trasformazione radicale nel modo in cui approcciamo l'educazione e il processo di apprendimento. Riflettendo sulle dinamiche esposte, possiamo trarre alcune conclusioni fondamentali:

1. Una Nuova Era di Personalizzazione: L'AI ha reso possibile la personalizzazione dell'educazione a un livello senza precedenti. L'analisi dei dati permette di adattare l'esperienza educativa alle esigenze, agli stili di apprendimento e alle abilità individuali. Ciò significa che ogni studente ha l'opportunità di godere di un percorso didattico calibrato sulle proprie necessità, ottimizzando i tempi di apprendimento e migliorando l'assorbimento delle informazioni.

2. Intuizioni e Previsioni Avanzate: L'AI, attraverso l'analisi dei dati, può prevedere tendenze, modelli e comportamenti prima che emergano in modo evidente. Questa capacità predittiva non solo rileva le aree problematiche prima che diventino critiche, ma fornisce anche preziose informazioni su dove e come investire risorse nel settore educativo per ottimizzare i risultati.

3. Miglioramento Continuo: L'introduzione dell'AI nel campo dell'educazione non è un evento statico. Piuttosto, è un processo in evoluzione, dove gli algoritmi apprendono continuamente e si adattano per offrire risultati sempre migliori. Questo ciclo di feedback positivo ha il potenziale di rendere l'istruzione sempre più efficace e mirata.

4. Una Visione Olistica: Grazie alla capacità di integrare diverse fonti di dati, l'AI offre una visione panoramica e completa dell'esperienza educativa. Questo aspetto è essenziale per comprendere in profondità le dinamiche complesse dell'apprendimento e per sviluppare strategie educative realmente efficaci.

5. Responsabilità ed Etica: Sebbene l'AI offra strumenti potenti, è fondamentale considerare le questioni etiche. La gestione responsabile dei dati, il rispetto per la privacy degli studenti e la consapevolezza delle potenziali disuguaglianze che possono emergere sono temi centrali. La promessa dell'AI non deve oscurare la necessità di un suo utilizzo etico e consapevole.

In conclusione, l'integrazione dell'AI nella ricerca educativa rappresenta un salto qualitativo nell'evoluzione dell'educazione. Tuttavia, come ogni strumento potente, richiede una profonda riflessione e un'attenta gestione. Le potenzialità sono immense, ma la chiave risiede nell'equilibrio tra l'adozione di queste tecnologie avanzate e il mantenimento dei principi fondamentali dell'educazione: l'umanità, l'empatia e la crescita personale di ogni studente.

21. Conclusione: L'Importanza della Preparazione e dell'Adattamento

L'avvento dell'Intelligenza Artificiale nell'ambito educativo ha indubbiamente segnato l'inizio di una nuova era. Siamo testimoni di cambiamenti radicali e rapidi nel modo in cui insegniamo e apprendiamo, spingendoci verso orizzonti prima inimmaginabili. Tuttavia, con ogni innovazione tecnologica, emergono sia opportunità che sfide. La capacità di prepararsi e adattarsi a queste evoluzioni diventa fondamentale per garantire che l'educazione del futuro rimanga efficace, equa e umanizzante.

Riflessioni Finali: La tecnologia ha sempre influenzato l'educazione, ma l'IA rappresenta una svolta senza precedenti. Ciò che la rende unica è la sua capacità di apprendere, adattarsi e personalizzare l'esperienza educativa a livelli mai visti prima. Tuttavia, come educatori e stakeholder nell'ambito dell'istruzione, dobbiamo ricordare che la tecnologia è solo uno strumento. La vera essenza dell'educazione risiede nelle relazioni umane, nella curiosità e nella passione per la scoperta. L'AI può arricchire questo percorso, ma non può e non deve sostituire l'elemento umano.

Invito all'Azione per gli Educatori: In questo panorama in rapida evoluzione, gli educatori sono chiamati a un duplice compito. Primo, devono comprendere e abbracciare le potenzialità offerte dall'AI, integrandole nelle loro metodologie didattiche e utilizzandole per migliorare l'esperienza di apprendimento degli studenti. Secondo, e forse ancora più importante, gli educatori devono rimanere vigili e critici, garantendo che la tecnologia venga utilizzata in modo etico e responsabile.

L'educazione del futuro richiederà una fusione tra l'antico e il nuovo, tra tradizione e innovazione. Per fare ciò, gli educatori dovranno essere sia maestri che studenti, imparando continuamente e adattandosi alle sfide del presente e alle promesse del futuro.

In ultima analisi, l'IA rappresenta una potente lente attraverso la quale possiamo reimagine l'educazione. Tuttavia, come ogni lente, la sua chiarezza e utilità dipenderanno da come la utilizziamo. Pertanto, l'invito finale è quello di procedere con cura, curiosità e, soprattutto, con un impegno incondizionato verso l'umanità e la missione centrale dell'educazione: illuminare le menti e arricchire le vite.

Conclusione Generale: L'AI nell'Educazione del Futuro

L'evoluzione dell'Intelligenza Artificiale ha trasformato l'educazione in modi rivoluzionari. Questo libro ha esplorato le molteplici sfaccettature dell'intersezione tra AI e istruzione, offrendo una panoramica completa e dettagliata di come la tecnologia stia plasmando l'apprendimento del futuro.

Riepilogo dei Punti Chiave:

1. **Introduzione all'AI**: L'IA ha preso piede in quasi tutti i settori, inclusa l'educazione.
2. **Metodologie Didattiche Assistite da AI**: Personalizzazione e apprendimento adattivo al centro.
3. **Ruolo degli Educatori nell'Era AI**: Evoluzione e non sostituzione del ruolo dell'insegnante.
4. **Evaluazione e Feedback**: La tecnologia rende l'analisi degli studenti più precisa e tempestiva.

5. **Formazione Professionale per Educatori**: L'importanza della formazione continua nell'era digitale.
6. **Problematiche Etiche**: Le sfide di privacy, equità e dipendenza tecnologica.
7. **Inclusione e Accessibilità**: Rendere l'educazione accessibile a tutti, indipendentemente dalle abilità o dalla lingua.
8. **Apprendimento Collaborativo**: Piattaforme peer-to-peer e collaborazione virtuale.
9. **Ambienti del Futuro**: Dall'aule virtuali ai laboratori AI.
10. **Integrazione della Cultura AI**: Insegnare l'AI come competenza fondamentale.
11. **Formazione degli Adulti**: Lifelong learning nell'era dell'AI.
12. **Visione Futuristica per il 2050**: Prepararsi per un futuro di infinite possibilità.
13. **Risorse e Strumenti**: Strumenti pratici per gli educatori.
14. **Collaborazione Uomo-Macchina**: Complementarietà tra AI e interazione umana.
15. **Storie di Successo**: Esempi pratici di implementazione dell'AI.
16. **Contributo dell'AI nella Ricerca**: Analisi avanzata e previsioni.
17. **L'Importanza della Preparazione**: Adattarsi e prepararsi per il futuro

Risorse Utili per l'Utente Finale:

1. **OpenAI**: Una fonte primaria per le ultime ricerche e applicazioni dell'IA.
2. **Coursera & edX**: Offrono corsi online sull'IA e sull'apprendimento automatico.
3. **Google's Teachable Machine**: Una piattaforma per creare modelli di apprendimento machine senza codifica.
4. **AI4K12**: Un'organizzazione che offre linee guida sull'insegnamento dell'AI nelle scuole.
5. **arXiv**: Una preprint server con le ultime ricerche in IA e machine learning.

In sintesi, l'IA ha il potenziale di rivoluzionare l'educazione, rendendola più personalizzata, accessibile e efficace. Tuttavia, è essenziale procedere con una visione critica e informata, garantendo che l'AI sia utilizzata in modo etico e responsabile. Con le risorse e le informazioni giuste, gli educatori possono essere alla vanguardia di questa rivoluzione, guidando l'educazione verso un futuro luminoso e innovativo.